中国轻工业“十三五”规划教材

江苏省高等学校重点教材（编号：2021-2-018）
“互联网+”新形态立体化教学资源特色教材

空间设计基础

Fundamentals of Space Design

刘 佳 过伟敏 编著

中国轻工业出版社

图书在版编目（CIP）数据

空间设计基础／刘佳，过伟敏编著．—北京：中国轻工业出版社，2025.2

ISBN 978-7-5184-3505-0

Ⅰ．①空…　Ⅱ．①刘…　②过…　Ⅲ．①空间—建筑设计　Ⅳ．①TU204

中国版本图书馆CIP数据核字（2021）第093011号

责任编辑：毛旭林

文字编辑：张　晗　　责任终审：劳国强　　设计制作：锋尚设计

策划编辑：毛旭林　　责任校对：宋绿叶　　责任监印：张　可

出版发行：中国轻工业出版社（北京鲁谷东街5号，邮编：100040）

印　　刷：艺堂印刷（天津）有限公司

经　　销：各地新华书店

版　　次：2025年2月第1版第4次印刷

开　　本：889×1194　1/16　印张：8.5

字　　数：240千字

书　　号：ISBN 978-7-5184-3505-0　定价：58.00元

邮购电话：010-85119873

发行电话：010-85119832　010-85119912

网　　址：http://www.chlip.com.cn

Email：club@chlip.com.cn

250108J1C104ZBW

前言

有言道，建筑是人类生活的“容器”，其中“容器”指的即是空间。与空间设计相关联的专业有建筑设计、环境设计、室内设计、城市设计等，但不管专业范畴如何界定，空间设计都是这些设计领域工作的核心内容。

对于笔者从教的环境设计专业来说，该专业从室内设计与空间装饰概念起步，逐步拓展到室内外人居环境的整合设计，专业发展充分体现了我国和社会的需求转向，是一个极富中国特色的艺术类专业。空间设计作为环境设计专业的核心基础课程，教学与教材也需要与时俱进，不能局限于室内设计专业或景观设计专业，在基础教学上应拓展空间的意义与维度，编写符合中国高等院校环境设计专业基础教学的教材。

本书的写作亦源自教学当中的困惑。设计专业的学生普遍都能够认同空间设计的重要性，在各门课程中也都各有侧重地学习空间的知识、强调空间的重要性，但在具体的专业设计课程中，面对具体的、有功能载体的、有场地限制的空间设计时，学生多会纠结在“功能”或“造型”上，不能主动地运用空间设计的理论和方法来理性地认知、判断和解析空间，不会创造真正具有价值的空间。许多设计作品中有空间之“形”，但缺乏空间之“神”或“空间感”较差。

数年前，我们在专业前期基础课程教学中，进行了一些改革探索，旨在强化学生设计的“空间意识”，并且能有效地把这种“空间意识”带入后面的专业课程设计中。因此本书的写作是在相关教学实践基础上的总结。

自20世纪80年代以来，我国出版了很多有关空间设计的译作和著作，其中很多经典的空间理论体系与观点是本书的基础，给予本书写作很大启发。但对于初学者来说，许多著作中晦涩难懂的语言、高深的学理知识、枯燥的理论阐述或是眼花缭乱的图像资源，都难免使学习者在学习过程中偏离空间的本质，难以把握空间设计的根本和基础。《空间设计基础》一书旨在以简洁、明快、易懂的方式为专业初学者打下扎实的学习基础，强调教材的基础性和创新性，启发学习者能够自主思考，激发学习者的学习兴趣。

本书内容

本书以立德树人为根本宗旨，以空间为核心内容，将理论与实践紧密结合，理性而科学地探讨空间的本质及形成规律、空间的学理及设计基础，以凸显空间设计在专业学习过程中的重要基础作用。坚持弘扬社会主义核心价值观，精选众多国内外经典空间设计作品，特别注重对中国传统人居空间、人居环境优秀案例的导入与分析，使学习者能够从中国优秀传统文化中汲取养分，认识并理解空间。

具体从认知空间、再现空间和创造空间三个空间设计的基本规律和学习逻辑出发，对环境设计专业的空间进行解读：

首先，从认识空间的角度，通过对“空间的现象、空间的视觉属性、设计层面的空间、与空间相关的概念”等内容的阐述，展开空间概念和特性的基本解读，使学习者树立空间意识，明确空间设计的内涵与外延。

其次，从再现空间的角度，通过对“构成空间形式的基本要素、人的视知觉特性与空间感受、空间的构成方式、空间之间的关系、多个空间的组合方式”等空间学理的系统剖析，使学习者清晰地认知空间的本质和基本构成方法。

再次，从创造空间的角度，通过对“形态、空间序列、功能、结构、材料、色彩、光线”

等空间创造过程中的重要因素及其基本创造方法的讲解，使学习者建立系统、整体、全面的空间设计基础理论体系。

最后，结合空间教学实践环节，对身边空间进行调查研究，这是发现问题、分析问题并解决问题的重要基础和前提，也是空间设计创新的基本方式，更是马克思主义方法论的体现。通过空间图解、空间组合训练、有顶的空间创造系列进阶课题，以实训的方式强化学习者的空间认知能力、分析能力和创造能力。

本书特色

全书通过空间设计基础知识的系统讲解，构建空间设计的基本知识构架和认知体系，注重培养学习者树立正确的价值观念和设计观念；根植优秀传统文化，弘扬中华美育精神，帮助学习者提高鉴赏能力和审美修养；引导学习者在学习过程中主动发现问题，增强自主学习、思考思辨能力，培养具有“创意、创新、创造”能力的复合型设计人才。

其一，力求文字简洁，以图代叙，阐述深入浅出，带来阅读的轻松体验。正如书名所言，本书注重学习的基础性建构，以形态语言为主线，着重于对空间基本关系、形态及组合方式等基础设计理论的阐述讲解，而非对具体的、有功能内容的、工程性的整体空间设计进行讨论与分析。

其二，力求尊重符合学习规律，具有较好的逻辑性。以空间设计的基础理论为主轴，全书围绕“认知空间、再现空间和创造空间”三个层次逐渐展开，更加符合学习规律，使学习者学会理性地认识空间的本质和建构空间设计知识理论体系。

其三，配以大量手绘插图，以图解的方式来认识空间和解析空间，具有简明直观、清晰易懂、重点突出的效果。避免单一的说教，全书通过近500幅精美的线稿插图，在凸显了专业特性的同时，为广大的空间设计学习者和爱好者提供设计临摹参考和练习手绘的优秀素材。这不仅更能满足艺术设计专业的人才培养规律，也在一定程度上延展了阅读的“空间”，在创新思维和设计动手能力上对学习者都是有益的帮助。

愿此书对设计类专业的学生以及对空间营造有兴趣的人士有所帮助。通过本书的阅读，他们能够在发现和认知空间、判断空间价值、掌握基本空间设计原则与方法的基础上，更好地运用空间设计的规律，创造更有价值的新空间，为中国当代人居环境建设添砖加瓦。

感谢所有参考文献的作者，其相关研究成果为本书的写作提供了重要的基础，尤其是对空间物质性的理性认识与判断的内容是本书的精髓。

因作者水平有限，文中不当之处在所难免，恳请广大读者批评与指正。

江南大学设计学院
刘 佳 过伟敏

目录

第一章
认识空间

微课：空间设计

第一节　空间是什么

思考与讨论

请仔细观察图1-1-1，其中都有哪些空间存在呢？

一、人类最早的空间营造活动

远古时代，生产力水平低下，原始人最初选择居住在山洞里，可以遮风挡雨、阻隔寒暑、防止野兽袭击，这种居住方式称之为“穴居”，最终发展为地面房屋；或是从自然中挑选出长短粗细合适的木材或竹材，在树上或高处搭建底层架空、上层居住的巢穴，称之为“巢居”，后期演变成干栏式建筑；或是在平地进行简单的搭建，形成一种帐篷式房屋（图1-1-2）。这些人类最早的空间营造活动，极大地受到气候条件、地域环境、材料和技术手段的影响。但无论时空如何更迭，人类营造空间的活动却从未停止过。

总的来看，从史前时期的空间利用或简易建造开始，直至建筑空间相对成熟，人类早期的空间营造活动经历了从天然遮蔽到人工遮蔽的过程。

二、人对空间的认识来源于感受

无论你身在何处，观察四周，总会发现空间的存在。不同形态和不同领域范围的空间围绕着我们。例如，日常生活需要居住和休息空间；上学需

图1-1-1　空间无处不在

图1-1-2　原始人类建造住所示意

要教学空间；工作需要办公空间；娱乐放松需要休闲空间；出行需要交通空间；朋友间联络感情需要交往空间……总之，没有人能够离开空间而生活。正是这些大大小小的、无处不在的空间组成了人类多彩的生活和多彩的世界。

人们对空间的感知，既抽象又具象，既虚又实。说它抽象，是因为有时尽管人使用或创造了支持行为发生的空间，但此时空间没有具体的范围边界，看不到、摸不着，似乎是虚无的，但确又存在于真实的空间中，因而让人觉得很神秘（图1-1-3~图1-1-5）。说它具象，是因为许多空间具有用于围合的物质手段，使之拥有清晰而明确的范围边界，这些空间给人真切的存在感，看得到、摸得着，是能够真切感受到的（图1-1-6~图1-1-8）。

可见人们对空间的认识更多地来源于感受。无论是对空间虚实、大小的认识，还是对空间色彩、氛围的把握，空间总是通过某种形态有形或无形地呈现出来，人的感受成为人们认知空间的基础。

图1-1-5　伞座形成休闲空间

图1-1-6　游船空间

图1-1-3　聚集在一起的人们形成交谈空间

图1-1-7　苏州网师园亭台空间

图1-1-4　下象棋的人们形成娱乐空间

图1-1-8　美国芝加哥艺术博物馆室内空间

三、日常生活中使用与创造空间的行为

在日常生活当中，人们常常在有意无意地使用着空间。人类所有的生产、生活活动都在一定的空间范围内进行，空间为人们提供了最为广泛的物质环境，为人们的行为发生提供了最大可能的支持。

当我们紧握拳头，手便无法发挥“拿”或“握”等功能；当拳头松开时，则会产生“空”的部分，便可拿东西、握把手。正是“空”为我们提供了更多的可能。向杯子里注水时，使用的是杯子空的部分；小提琴装入琴盒，使用的是琴盒提供的特殊形状的空间；小鸟在鸟笼里活动，使用的是鸟笼围合的空的部分……这些容器使用的都是通过某种介质围合所形成的“空”的部分，“空”的部分方可容纳所须之物，发挥容器的作用和价值，只是这类空间形式一般是客观存在，且与人的尺度关联甚微，容易被人们所忽略（图1-1-9）。

人们用餐或学习往往会依赖于桌椅所限定出的一个空间范围，当桌椅被挪走，这种空间也会随之消失（图1-1-10）。夏天在树下乘凉，人们使用的是树冠之下的阴凉空间。这类空间形式与人的尺度关联密切，容易被人们所感知（图1-1-11）。

同一空间的表现方式也会根据人们使用行为的不同而变化。如学校图书馆前常常设有大台阶，通常作为人们进入图书馆的交通性空间和入口空间；在阳光灿烂的日子里，台阶被当作座椅供人们晒太阳休息，可视为一个休闲空间；当需要拍摄集体照时，它又可作为梯架，成为摄影的极佳背景（图1-1-12）。可见，空间的性质是可变的，空间是多义的。某种意义上说，空间的性质改变源自人的行为改变。

同样，在日常生活中，人们也在有意无意地创造着空间。在户外，草地上铺一块野餐布或是支一个帐篷，这时人们就创造了一个区别于自然的空间（图1-1-13）。一把撑开的伞就能形成一个使用界限较为明确的空间区域（图1-1-14）。小孩子们在一起玩丢手绢或贴膏药的游戏，大家手牵手围成了一个圆圈，形成了一个向心式且具有凝聚力的游戏空间（图1-1-15）。看热闹或聆听演讲的人们以事件发生地为中心而聚集，当事件结束后，聚拢的人们

图1-1-9　日常生活中存在的空间

图1-1-10　桌椅围合出的用餐空间

图1-1-11　大树下的休憩空间

图1-1-12　阶梯用作休闲空间及拍照空间

图1-1-13　野餐布、帐篷创造的空间

图1-1-14　撑开的伞创造的空间

图1-1-15　做游戏的孩子围合成的空间

图1-1-16　看热闹的人们围合成的空间

图1-1-17　用沙雕游戏创造空间

图1-1-18　设计师建造房屋

散去，聚集空间便不复存在了（图1-1-16）。

思考与讨论

结合日常生活经验，请谈一谈身边都有哪些空间？我们每天都在使用哪些空间？

你的日常生活中都有哪些创造空间的活动呢？

四、最明显的创造空间的行为

建造行为是最明显的创造空间的行为，例如，孩童们在沙地上堆建城堡（图1-1-17）、野营时搭建帐篷，农民在田地中搭建茅草屋，设计师设计建造的亭台楼阁、高楼大厦（图1-1-18）等，都是人们有意识地创造空间的行为活动。

在建筑物内，一扇门、一面墙，或一道竹帘就能将一个大空间分隔为两个小空间；在起居室中，茶几下的一块地毯和向心布局的沙发就能创造出会客的良好氛围（图1-1-19～图1-1-21）。此外，建构筑物的雨棚、顶面、连廊、凸出或凹进的部分，不仅是出于功能的需要，也是设计师有意识地进行空间创造和丰富空间的重要内容（图1-1-22）。

在一些较高的室内空间中，人们为了增加空间的有效使用面积，通常会做夹层，这是在垂直维度进行空间划分的创造行为。早期上海居住建筑中的亭子间（图1-1-23），源自20世纪70年代的纽约布鲁克林艺术家群落，现在成为时尚空间形式的LOFT空间（图1-1-24），便是应用了在较高的空间中增加夹层空间的处理形式。

景观空间中，几棵树就能够形成一个休闲驻足空间；成群成丛的树可以勾勒出草坪的轮廓（图1-1-25）；许多的石块可以成为标志性的景观空间（图1-1-26）；喷泉、溪流、湖泊等不同形态的水体能够创造多样的景观空间（图1-1-27）。虽然这些空间大都没有顶面，却依然能通过各种要素的相互

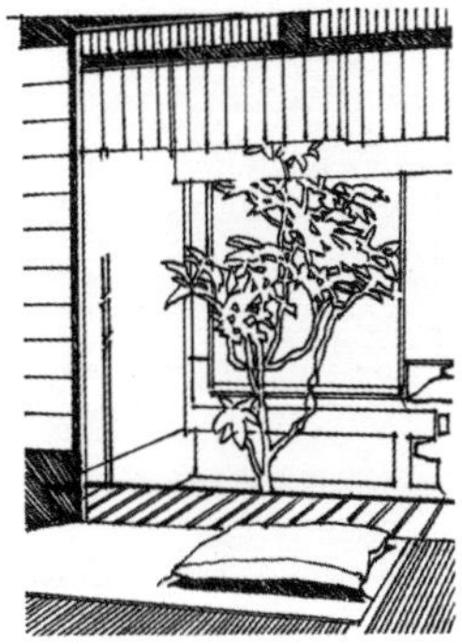

图1-1-19　竹帘隔断的空间

图1-1-20　落地罩隔断的空间

图1-1-21　地毯限定的空间

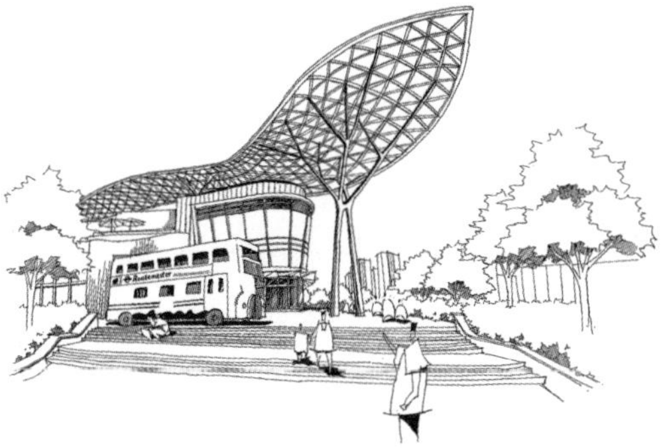

（a）无锡万象城

（b）美国拉斯维加斯时尚秀购物中心

图1-1-22　丰富的建筑空间

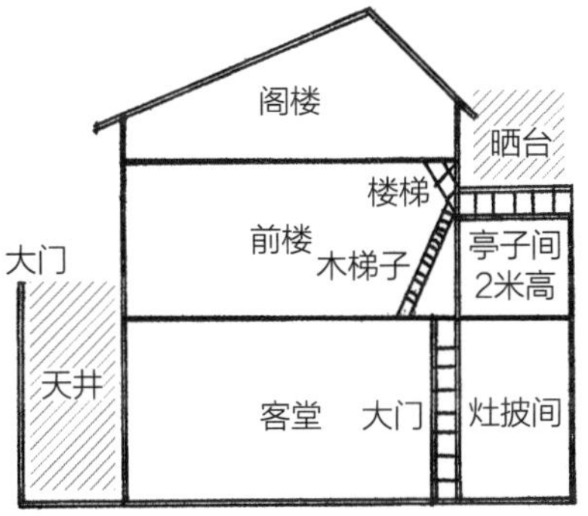

注：当时使用者有爬梯子上晒台晾衣服的习惯

图1-1-23　上海传统亭子间

图1-1-24　LOFT空间

图1-1-25　美国纽约中央公园植物营造的景观空间

图1-1-26　美国哈佛大学唐纳喷泉

（a）美国西雅图国际喷泉

（b）中山岐江公园

图1-1-27　水体形成的多样景观空间

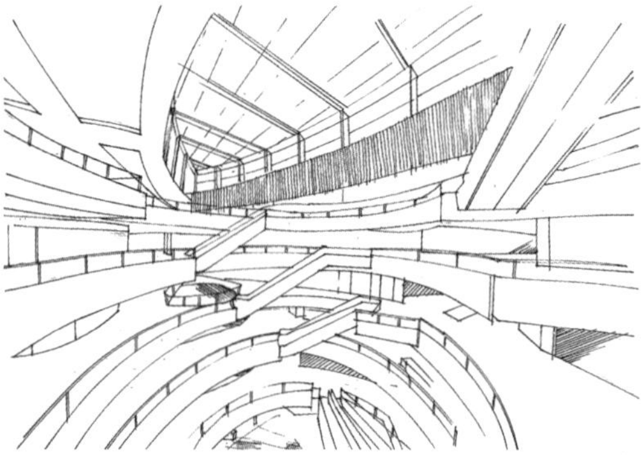

图1-1-28　青岛华润万象城中庭空间

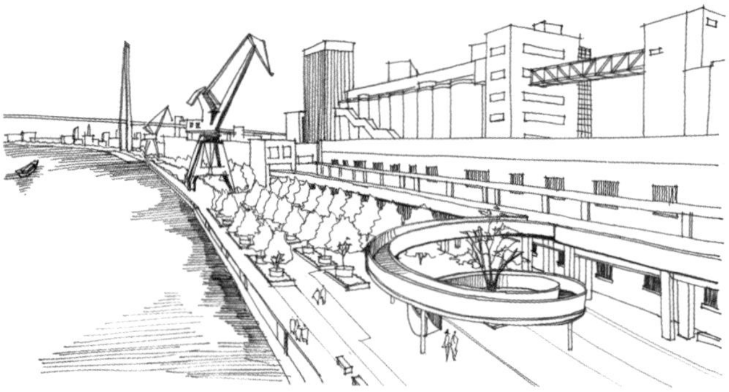

图1-1-29　上海民生码头景观

作用彰显颇为强烈的空间感。

在尺度较大，或者有较大高差的空间中，为了增强交通联系、视觉沟通，丰富空间层次，常常采用中庭、廊桥、坡道或台阶等方法，对不同的功能空间或空间单元进行水平、垂直、交错等各个维度的立体式连接（图1-1-28～图1-1-30）。

图1-1-30　台阶与坡道结合的设计

五、老子对空间的描述

老子（图1-1-31）在《道德经》第十一章中写到一段话："三十辐共一毂，当其无，有车之用。埏埴以为器，当其无，有器之用。凿户牖以为室，当其无，有室之用。故有之以为利，无之以为用。"这段话被认为是中国传统道家思想中对空间解释的经典，阐明了"无之以为用"的老子道家哲学思想。

其大致意思是：三十根车辐共同汇集到一个毂中，正是有了车毂中空的地方，才能让车辐插在里面使车发挥作用；糅合陶土成为器具，正是有了器皿中空的地方，才发挥了器皿可存放东西的作用；开凿门窗建造房屋，正是有了四壁围合的中空部分，才发挥了房屋的作用。事实上，一切有形之物提供给我们的便利，是通过它所限定出的空间而得到的，虽然限定的形式及物质性都是必须的和重要的，但是空间本身比围成空间的实体"壳"更有价值。

图1-1-31　老子像

图1-1-32 《外部空间设计》

图1-1-33 《建筑空间论——如何品评建筑》

图1-1-34 《存在·空间·建筑》

六、大师们眼中的空间

日本建筑家芦原义信在《外部空间设计》(图1-1-32)一书中提到:"空间基本上是由一个物体同感觉它的人之间产生的相互关系所形成",强调一种依靠人的视觉来进行感知的尺度关系。当然,听觉、嗅觉、触觉也是认知和体验空间的重要手段。

意大利学者布鲁诺·赛维(Brvno Zevi)在《建筑空间论——如何品评建筑》(图1-1-33)一书中指出:"所谓空间,不仅仅是一种洞穴,一种中空的东西,或是'实体的反面';空间总是一种活跃而积极的东西。空间不仅仅是一种观赏对象……而特别就人类的、整体的观念来说,它总是我们生活在其间的一种现实存在。"也就是说,空间的存在具有现实性。空间真实的存在,这种真实除了包括物质上的组成元素和界面、形式上的组合方式,还包括人的因素、社会的因素、情感的因素等,这些是更高层面的理解。

挪威建筑历史和理论学家诺伯格·舒尔兹(Norberg-Schulz C.)在《存在·空间·建筑》(图1-1-34)一书中对空间的理解超越了简单的物质层面,提出存在空间的概念:所谓"存在空间"就是比较稳定的知觉图式体系,也即环境的"意象"。他认为存在空间具有层级性,包括地理、景观、城市、住房、用具诸阶段,每一层级中又包含中心与场所、方向与路线、区域与领域等诸要素。同时,存在空间凸显了人类空间所具有的文化性与符号性,强调了空间与空间设计的"意义"。他提出5种空间概念:①肉体行为的实用空间(Pragmatic Space),②直接定位的知觉空间(Perceptual Space),③环境方面为人形成稳定形象的存在空间(Existential Space),④物理世界的认识空间(Cognitive Space),⑤纯理论的抽象空间(Abstract Space),并对存在空间和建筑空间进行了详尽的分析。他认为的空间是"环境方面为人形成稳定形象的存在空间",这对于空间的价值判断与创造具有重要的意义。

七、空间的概念

在不同的专业领域,对空间的定义和理解有所不同。哲学、数学、物理学、心理学、美学、建筑学等各个领域都有各自对空间的理解。不同文化背景下对空间概念的理解也不尽相同。

从字面上看,"空"具有虚无、容纳,有无限、扩展、探索之意,"间"有位置、方位、限制、隔而不断之意。1999年版的《辞海》对"空间"的定义为:在哲学上与"时间"一起构成运动着的物质存在的两种基本形式。空间指物质存在的广延性,时间指物质运动过程中的持续性与顺序性。空间和时间具有客观性,同运动着的物质不可分割。没有脱离物质运动的空间和时间,也没有不在空间和时间中运动的物质。

可见,空间和时间是无限和有限的统一,是不可分割的整体。一方面,空间的存在有时间性,空间的功能形式都有可能随时间而改变,空间的审美、精神诉求等也可能有时间的因素;另一方面,时间的连续运动通过物质空间表现出来,如空间的深度和广度、空间的序列(图1-1-35)、引进和离

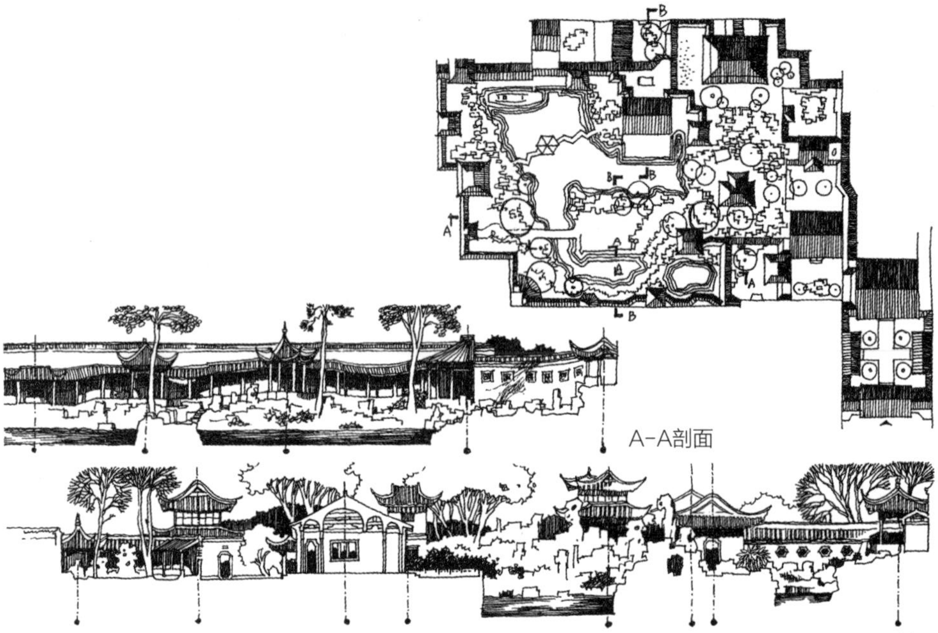

图1-1-35　苏州狮子林的时空序列

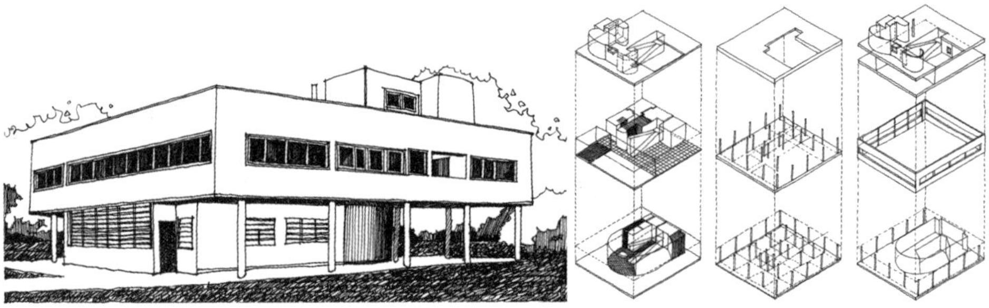

图1-1-36　法国萨伏伊别墅的空间要素

开、入口和出口、空间中的功能活动等。

在设计学中，空间一般被认为是由点、线、面、体占据、容纳、扩展或围合而成的三维虚体，是由长、宽、高表现出来的客观形式，是与物质实体相对，由物质实体围合出的无形且不可见的部分。空间是被限定的，意义是明确的，是由空间的形状、大小、色彩、质感等视觉要素，以及位置、方向、重心等关系要素共同决定的（图1-1-36）。

空间是有情感的。空间不仅可以带给人们某种情感，同时人的情感也可以影响眼前的空间。这时的空间不只是一个物质围成的虚空，还是一个含有精神的有意义的真实处所。人们往往被某一城市、某一建筑或某处场景所深深感动或唤起记忆，空间的视觉印象能带给人们真实的情感诉求（图1-1-37、图1-1-38）。

空间的形式总是与一定的自然条件、地域环境和时代文化相关联的。不同的自然条件、时代背景、社会条件、民族文化、传统习俗、生活观念下所形成的空间具有显著的差异性。无论是皇权帝制观念下中轴对称布局的紫禁城，还是宗教观念孕育下依山而建的布达拉宫；无论是临水而建的江南民居，还是因地制宜的西北窑洞；无论

图1-1-37　上海传统街道

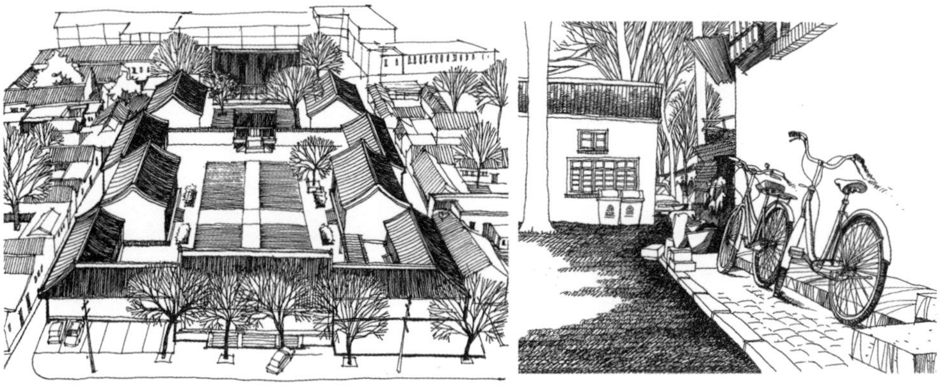

图1-1-38　北京传统四合院

图1-1-39　江南民居（苏州周庄古镇）

图1-1-40　西北窑洞（陕北米脂姜氏庄园）

是气势恢宏的天然山水颐和园，还是小巧精致的江南传统私家园林，这些或辉煌或平凡，不同尺度、不同形式的空间，均是人类重要的文化和空间遗产（图1-1-39~图1-1-42）。

思考与讨论

艺术创作中，绘画空间、雕塑空间与环境设计中的空间有何异同？

图1-1-41　北京颐和园

图1-1-42　无锡寄畅园

第二节　空间形式的视觉属性

前面的分析，将空间理解为“无”中生“有”，正是有了虚空的“无”才能得到真正使用的“有”。“空”可解读为空间的特性，“间”则暗示了一种位置上的关系。这种理解都是建立在“空间是感知的”基础上的。而空间的感知必须通过人的视觉、听觉、嗅觉、触觉等感官来实现，其中视觉又是最为主要的感知途径。

因此，形式的视觉属性从某种意义上说就决定了人们所看到的空间的形态，具体包括：形状和形态、尺寸和尺度、数量和间隔、色彩和质感、位置和方向、视觉惯性等要素。

一、空间的基本形状

形状是指一个面的外边缘或一个体的轮廓。空间形状是空间形式的表面和外轮廓的特定造型，是空间形式的主要可辨认特征，也是最重要的变量之一。形状被看成是形式与背景隔离开的一条“线”，这条“线”可虚可实，因此形状的感知要靠形式和背景之间视觉对比的程度来进行（图1-2-1）。不同类型空间的形状限定元素不同，如建筑空间受到面（地板、墙面、顶棚）的形状、洞口（窗和门）的形状、建筑外轮廓的形状的影响；景观空间受到植物、水体、铺地、建构筑物等要素布置的影响等。

基本形状有圆形、三角形、正方形等。

圆，是一系列的点，围绕着一个点均等并均衡安排形成的图形，具有集中性、内向性和以自我为中心的特点。当一定体量的圆位于一个空间的中心，将形成一种自然的集中性；若沿圆周设置一个要素，还可引起某种旋转运动感；将圆置于斜面上，会产生朝一个方向的倾斜运动（图1-2-2）。

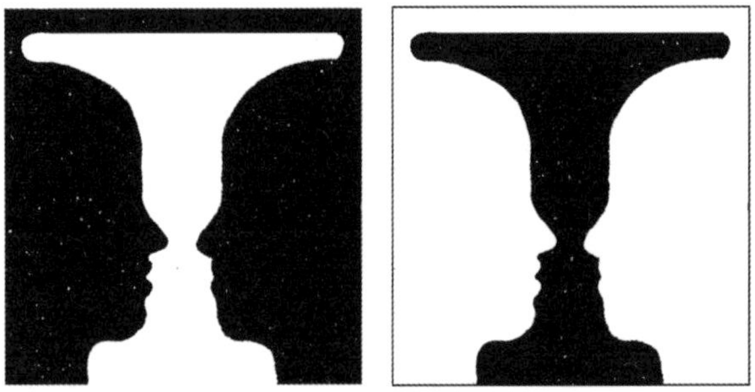

图1-2-1　形式与背景关系（鲁宾之杯）

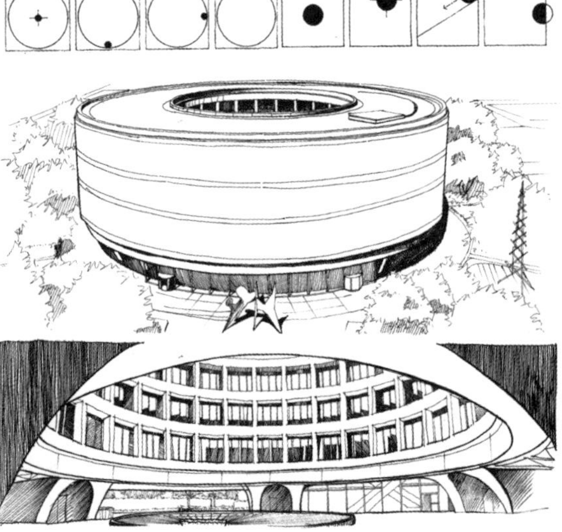

图1-2-2　美国华盛顿赫希洪博物馆的圆形空间

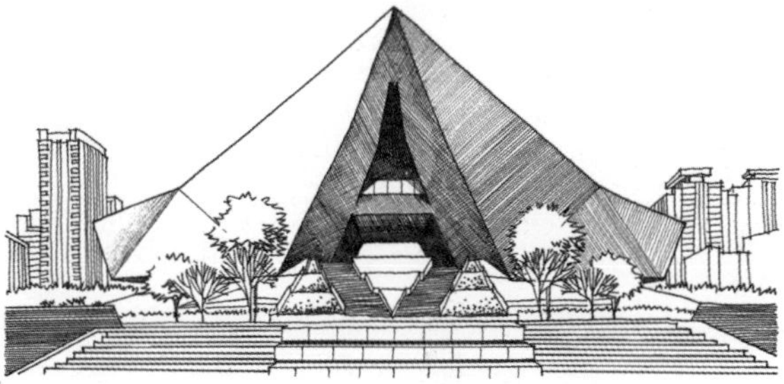

图1-2-3　武汉辛亥革命博物馆的三角形空间

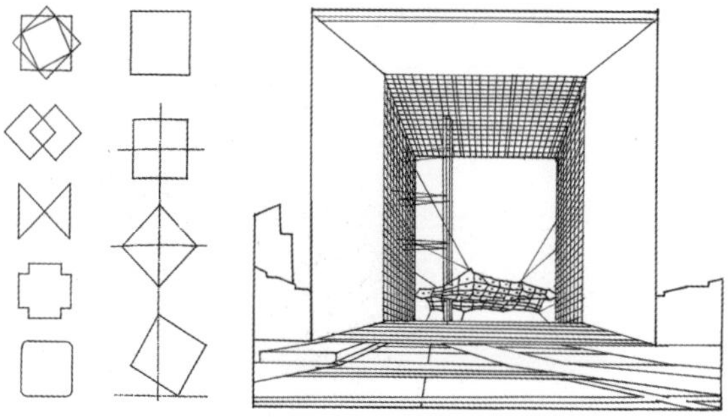

图1-2-4　法国巴黎拉德芳斯新城的矩形空间

图1-2-5　荷兰乌特勒支施罗德住宅

图1-2-6　美国麻省理工学院史塔特科技中心

三角形，是由三个边所限定的、有三个角的平面图形。当三角形坐在它的一边上时，三角形是极其稳定的图形（图1-2-3）；当支着一个点立起来的时候，则处于一种不稳定的状态。

正方形，是由四个等边和四个直角组成的平面图形，代表一种纯粹性和合理性，具有静态的、中性的、无方向的特点。矩形可看成是正方形在高宽量度上的变体。当正方形坐在它的一个边上的时候，是稳定的；当立在它的一个角上的时候，则具有动态感（图1-2-4）。

以上基本形状可以展开或者旋转演变成有规则的和容易识别的形式，称之为柏拉图体。例如，圆可以派生出球和圆柱，三角形可以派生出圆锥和棱锥，正方形可以派生出立方体。

当人在观察任何一种形式的构图时，都会有一种简化视野中主题的倾向，使之成为最简单、最有规则的形式。简单且有规则的形式最容易使人感知和理解（图1-2-5），不规则的形式则容易使人产生深刻的印象（图1-2-6）。

思考与讨论

空间形状与空间形态两个词所代表的含义有何异同？

二、空间的尺寸、比例和尺度

尺寸是形式的实际量度；比例是指空间体长、宽、高三者的比值，决定了空间体量；尺度则是指空间整体或局部给人感觉的大小印象和真实大小之间的关系问题，并由相联系的一系列尺寸与人的尺寸之间的关系所决定。可以说，比例是由具体尺寸所决定的一种明确的比值关系，尺度则是整体与局部或者局部之间的尺寸对比关系。尺度与物体的具体尺寸和比例紧密相关。

尺度和比例的区别在于，尺度是以人为标尺，是人们对具体尺寸的感知（图1-2-7），而比例是物体各部分大小的比照关系（图1-2-8、图1-2-9）。人

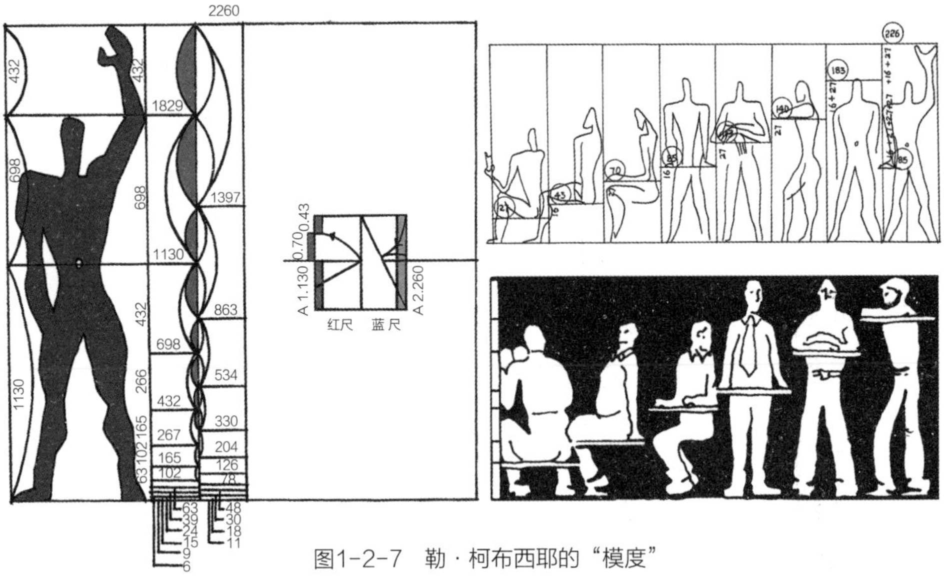

图1-2-7　勒·柯布西耶的“模度”

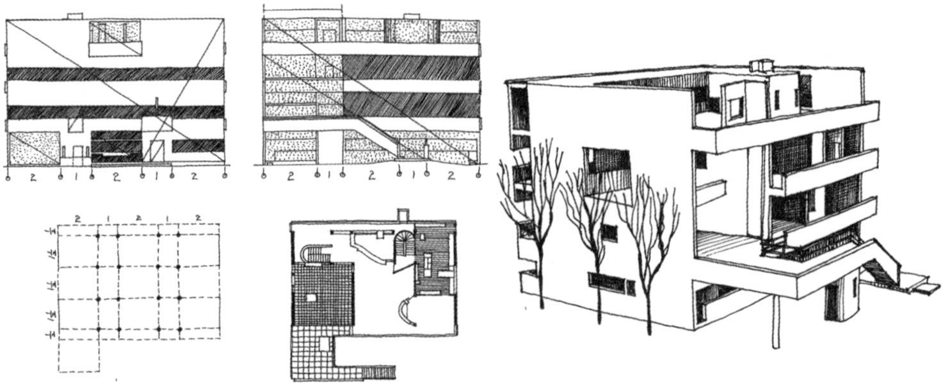

图1-2-8　法国沃克里森加歇别墅比例分析

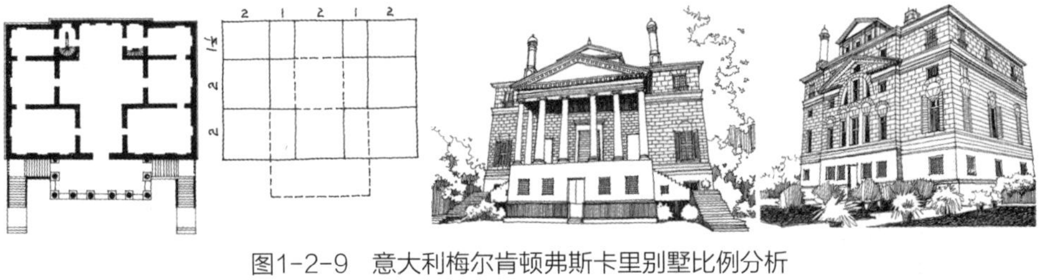

图1-2-9　意大利梅尔肯顿弗斯卡里别墅比例分析

以自己熟悉的尺寸通过对比获得对未知尺寸的感知，这种感知带来的视觉感受就是尺度感（图1-2-10）。当一个人站在一座建筑物前，用建筑上人容易感知的尺寸和建筑上其他未知的尺寸作比较的时候，人就获得了对这个建筑物各部分尺寸的具体感知，这就是尺度感的形成过程（图1-2-11）。尺度会对人的视觉感受造成很大影响（图1-2-12）。

思考与讨论

你是否注意到，人民大会堂入口立柱高达20余米，尺度宏大，但入口大门依然仅有5米左右？

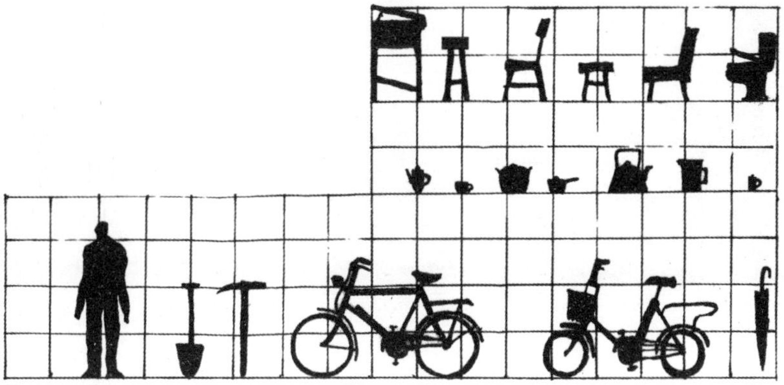

图1-2-10　人与日常生活用品的尺度关系

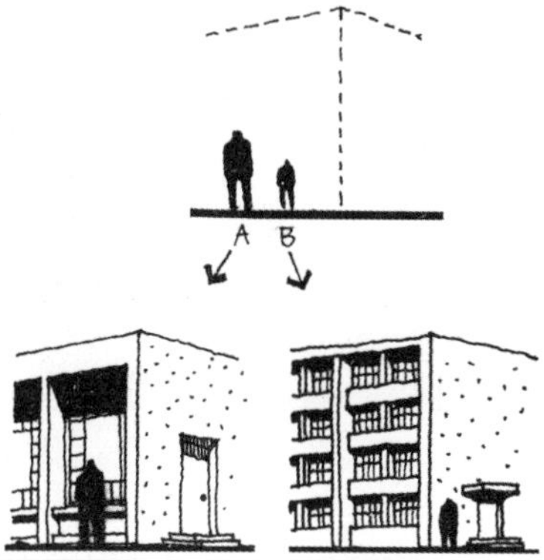

图1-2-11　不同的尺度

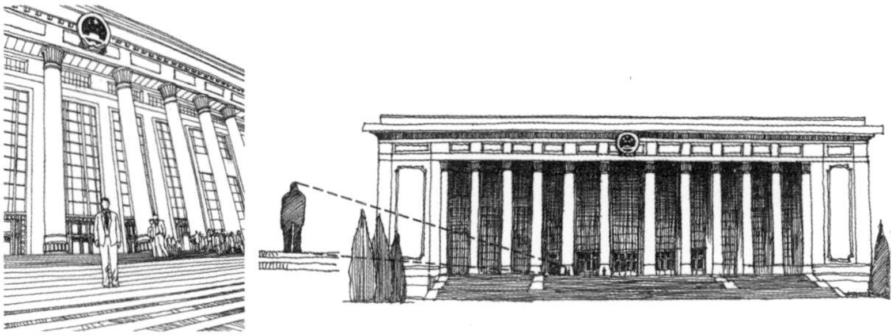

图1-2-12　人与人民大会堂的尺度关系

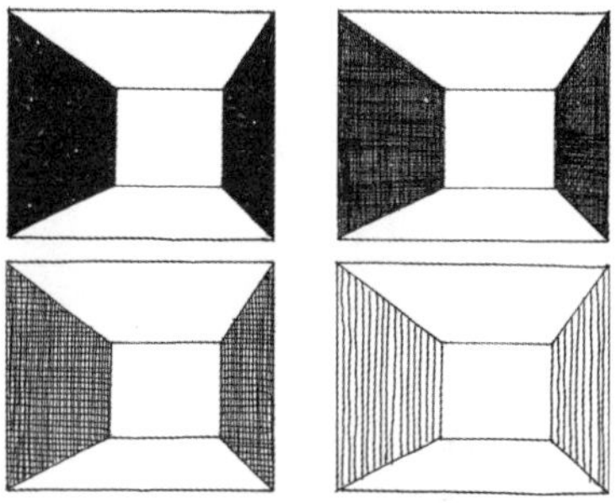

图1-2-13　不同色彩界面带给人不同的空间感受

图1-2-14　瑞士苏黎世勒·柯布西耶中心的丰富色彩

图1-2-15　垂直面做色彩处理的空间

三、空间的色彩与质感

色彩与质感依附于空间界面的实体要素，影响着人们对空间形式的生理和心理感受，加强了人们对环境的感知。

我们看到的物体颜色，是物体反射不同波长的光波形成的，光是色彩的来源。色彩是空间形式表面的色相、明度和色调彩度，它是与周围环境区别最清楚的一个属性。空间各个界面的色彩处理方式，直接影响到空间形式的视觉效果和视觉质量。（图1-2-13～图1-2-16）。

质感是空间形式的表面特征，适宜的质感处理能带给人视觉的美感、触摸的欲望和典型的环境认知度。质感通常由围合空间界面的材料决定，影响到空间形式表面的触感和反射光线的特性（图1-2-17、图1-2-18）。质感的特性在于它能够给人直观、真实的触感。随观赏距离的不同，质感在视觉上会发生变化。

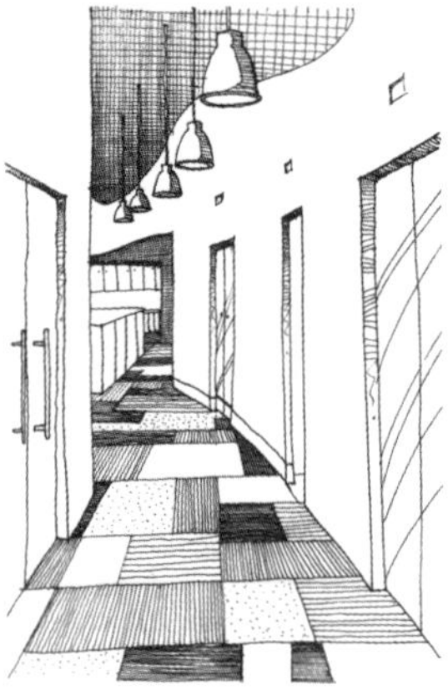

图1-2-16　底面和顶面做色彩处理的空间

图1-2-17　流水别墅室内自然、质朴的质感

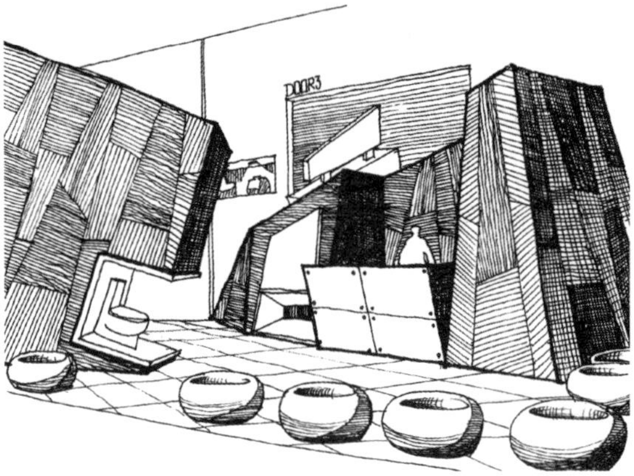

图1-2-18　富有质感的展示空间

四、空间的视觉惯性

视觉惯性是指一个形式的集中程度和稳定程度，是由它的几何形式、它与地面和人们视线的相对关系所决定的。一般而言，视觉上一个空间形式稳定的存在，可形成一种基本不变的空间形式或印象（图1-2-19）。

前面谈到，空间的感知和体验如同其他知觉现象意义，是一种潜在的运动意识，需要通过视觉、听觉、触觉、嗅觉等人的各种感觉器官感受后，经过人的大脑整理并融合感官感受的记忆及经验，最终合成具有“意义”的、“综合”的认知。其中，有关人对空间感受的“记忆及经验”，在一定程度上对空间形式的视觉惯性有着较大的影响。比如，人们在日常生活中使用的空间形式多是方形的，所以当见到其他异形的空间时，空间惯性被打破，就会觉得很好奇（图1-2-20、图1-2-21）。

图1-2-19　日本传统民居形成稳定的街道空间印象

图1-2-20　方形空间（美国西雅图华盛顿大学地铁站）

图1-2-21　异形空间（北京国家体育场）

第三节　设计层面的空间

思考与讨论

请具体说明环境设计专业所涉及的空间类型包括哪些？你知道几种空间分类方法？

环境设计专业的空间认识和判断，可从多个角度进行分类。分类是为了认识和判断空间的价值，以便于有意识地创造空间的价值。从空间功能属性上分，可分为城市空间、建筑空间、景观空间与室内空间等；从空间形式上分，可分为单一空间、组合空间和复合空间等；从空间限定程度上分，可以分为无限空间和有限空间；等等。

就空间的本体形态与空间的意义价值而言，其性质和形成方式对空间进行的分类更接近营造空间的本质。

按照空间的性质，空间可分为封闭空间、半开放空间和开放空间。在这里，以空间限定要素即围合空间的物质要素为界限，亦可将空间分为内部空间、灰空间和外部空间，着重于空间与界面的关系（图1-3-1）。

按照空间的形成方式，空间可分为积极空间（图1-3-2）和消极空间（图1-3-3），着重于空间与人的行为的关系。

一、环境设计的空间层级

空间是环境设计的载体、基本语汇和核心灵魂。环境设计所涉及的空间层次内涵丰富，类型多元，具体涉及城市、街坊、组团、街道、建筑与室内等不同尺度的空间类型，涉及室内设计、景观设计、建筑设计等多个专业内容，某种意义上说，环境设计是围绕建筑实体展开的以室外环境和室内环境为主体的空间设计。

室内设计是以家具、陈设等诸要素进行的空间设计，通常指在相对确定的建筑内部空间，运用各种室内要素进行空间的布置、分隔、连接及组织，运用各种形式和材料要素进行界面设计，并结合相应的物质和技术手段，创造出满足功能和使用要求、反映历史文脉和地域特色、与建筑风格及环境氛围相适应的室内环境。室内设计按照功能的不同又可分为居住室内设计、办公室内设计、展演室内设计等众多类型，每一种设计类型的设计侧重点又各有不同（图1-3-4）。

图1-3-2　积极空间

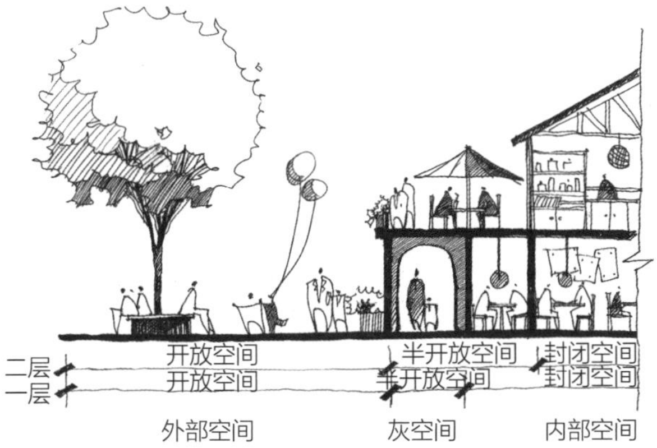

图1-3-1　按照空间性质划分的空间类型

图1-3-3　消极空间

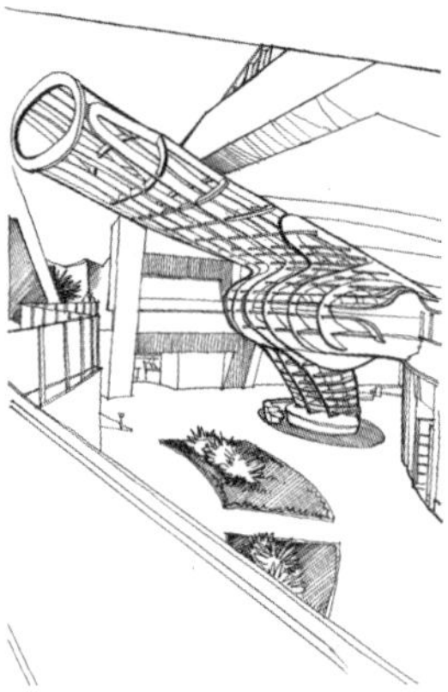

图1-3-4　室内设计（美国拉斯维加斯商业空间）

图1-3-5　街头公园（广州大鱼公园）

图1-3-6　美国西雅图中央图书馆

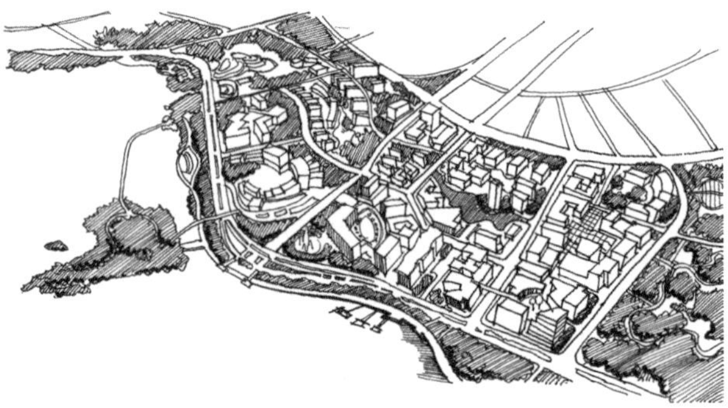

图1-3-7　无锡蠡湖湾地区城市设计概念方案

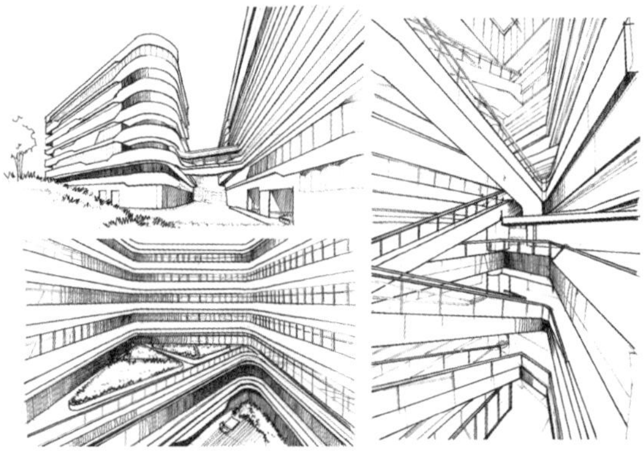

图1-3-8　新加坡科技与设计大学设计的整体性

景观设计是运用山石、水体、植物、构筑物等要素，依据使用者心理模式和行为特征，结合自然环境、具体用地及周围环境而设计的户外空间，关注土地与人类户外活动空间的生态和相关设计问题。景观空间的分类有多种方法，总体可分为自然景观和城市景观两大类，城市景观又有城市公园景观（图1-3-5）、居住区景观、广场景观、街头绿地、街道景观、庭园景观等多种类型。

建筑设计是在一定的功能需求下，运用合适的结构建造技术和材料，以地面、墙面、顶面等界面要素作为围护而进行的空间创造，其重点在于对建筑空间的处理与把握。建筑设计需要很好地衡量空间与场地、功能、形态、文脉、风格等诸要素的关系，满足结构坚固、功能实用、造型美观的基本要求。建筑设计的分类同样具有多样性，按照功能可分为居住建筑设计、公共建筑设计（图1-3-6）、工业建筑设计等几大类。

城市设计是指在城市规划布局的基础上，对区域性的城市功能和空间进行设计。城市设计的内容比二维层面的城市规划更具体，是区域性的建筑、街道、景观等内容的整合设计，具有综合性和复杂性，其重点关注城市公共空间、邻里空间、交通空间以及整体城市区域空间之间的协调关系（图1-3-7）。

以上不同空间层级的环境设计之间有着相对明确的空间界线，往往也相互渗透、交融与作用，它们共同构建了具有整体性、结构性、生态性和宜居性的人居环境。其中，建立系统的空间观念，是各个层级的空间设计中最为重要的前提与基础。因此，在专业学习的过程中，需要养成一种自觉认知空间的习惯。

舒适的视觉感知和良好的空间体验，需要在以上不同类型尺度的空间中寻求某方面的多元联系，在变化与统一中寻找平衡。这种多元联系可以表现在空间形式、尺度、色彩、质感等诸多方面。例如，新加坡科技与设计大学，在室内设计、建筑设计、庭院空间、景观设计和总体布局上，以连续的折线作为设计元素，白色、浅绿色、灰色作为整体基调，形成了具有整体感的空间环境（图1-3-8）。

图1-3-9　德国耶拿历史中心室内外设计的整体性

德国耶拿历史中心的办公楼和住宅楼项目也是环境、景观、建筑、室内设计一体性的优秀案例。被分解的整体尺度与周围居住区相得益彰，建筑立面与周围环境在立面尺度上保留了隐约的比例关联，从室内到建筑再到室外空间，采用不规则形与黑白色为元素，形成了各等级环境的整体性（图1-3-9）。

思考与讨论

如何理解室内空间、景观空间、建筑空间、城市空间之间的关系？

举例解析一个城市综合体与城市的关系，以及该综合体的室内空间、景观空间、建筑空间之间的关系。

二、内部空间与外部空间

芦原义信在《外部空间设计》一书中写道："外部空间是由人创造的有目的的外部环境，是比自然更有意义的空间。从建筑师的角度看，在某一用地中，外部空间是建筑的一部分，是'没有屋顶'的建筑空间"。

内部空间是人们为了满足某种功能或目的，通过一定的物质手段从自然中围合、分隔出来的，其特征表现为封闭的和半封闭的，空间的私密性更强；外部空间相对于内部空间而言，既是属于自然的一部分，又是比自然更具有意义的人类改造和创造出的空间，其特征表现为开敞的和半开敞的，空间的公共性和开放性更强（图1-3-10）。

就建筑空间来说，建筑的各个界面可以划分出建筑内部空间和建筑外部空间。顶界面、底界面、垂直界面是限定建筑空间的三要素，其中，顶界面的有无又可以看作是区分内部空间和外部空间的界限。某种意义上说，外部空间是用比建筑空间少一个顶界面要素且由底界面和垂直界面两个要素所创造的空间，如城市公共绿地公园、广场、街道等。在某一区域内，有顶面限定的空间可以看作是建筑的内部空间，无顶面限定的空间则为建筑的外部空间。从外部空间形成的过程来看，外部空间主要是借建筑体而形成的（图1-3-11～图1-3-16）。

院落空间是兼具内部空间与外部空间特征的独特空间。对于围合院落的建筑室内来说，院落是外部空间，而对于建筑外部更广泛的空间而言，院落则是建筑组团的内部空间。这使得院落作为一种内外的中介空间，富有更多的功能、意义和内涵（图1-3-17）。

外部空间与内部空间存在形式和性质上的相

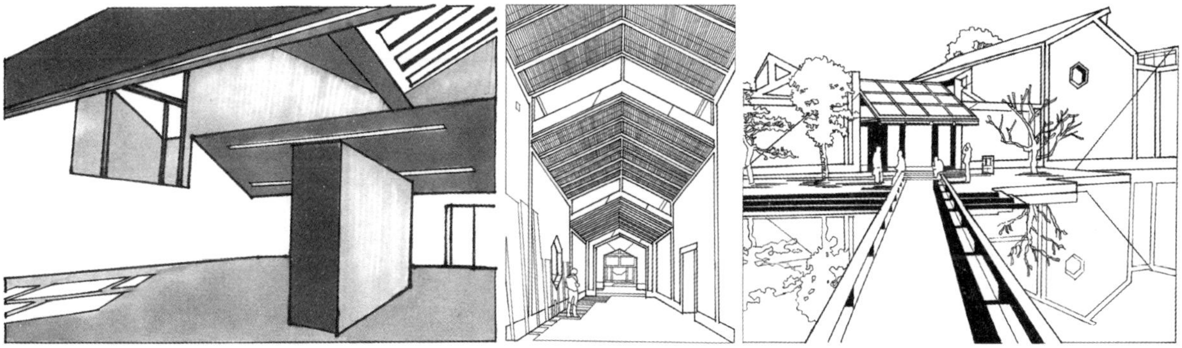

（a）展厅空间　　（b）走廊空间　　（c）外部空间

图1-3-10　苏州博物馆内外空间的不同层级

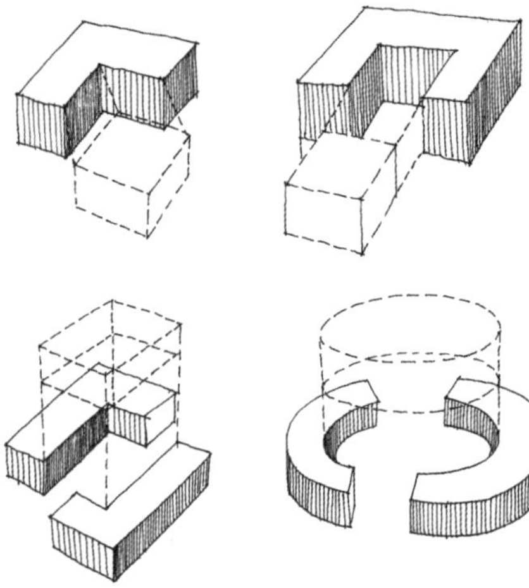

图1-3-11　城市外部空间的形成

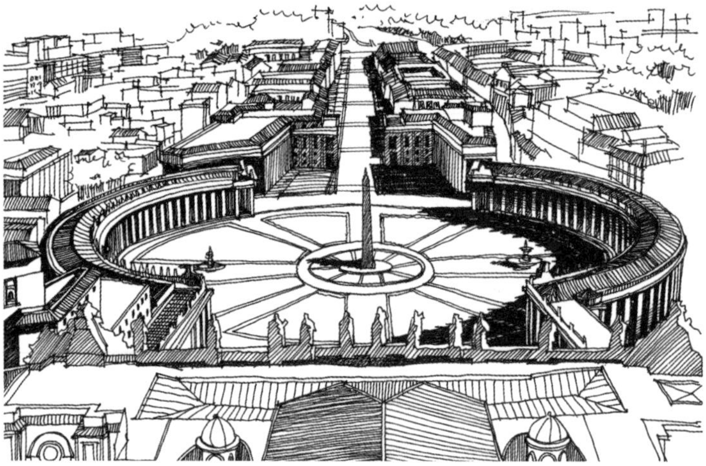

图1-3-12　意大利罗马圣彼得广场

图1-3-13　宁波天一广场

图1-3-14　德国北杜伊斯堡景观公园

图1-3-15　澳门街道空间

图1-3-16　瑞士苏黎世街道空间

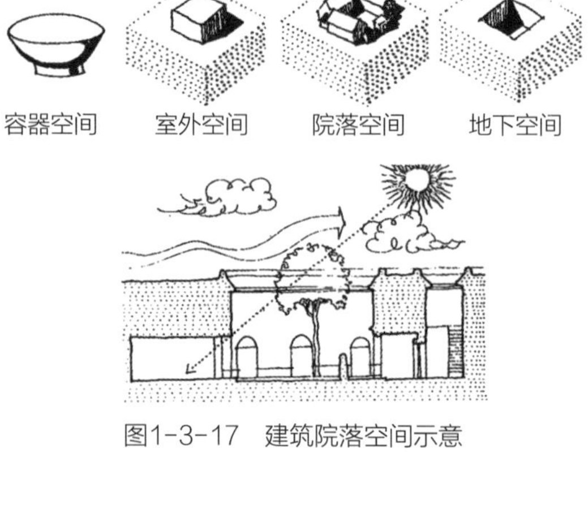

图1-3-17　建筑院落空间示意

对性，两者往往也是可以相互转化的。空间设计中也往往将外部空间内部化，或是将内部空间外部化或景观化。如公园作为外部空间，其中的构筑物往往是在外部空间中创造类似内部的空间，以提供人们遮蔽、休憩或有某种独特体验的功能（图1-3-18）；美国亚马逊总部的“亚马逊球”为员工营造了一个能够亲近自然的热带雨林空间，又在这人工营造的自然环境中创造出一个个小的“子空间”，以丰富使用者的空间体验（图1-3-19）；在“微杂院”改造项目设计中，设计师将外部街巷空间意象移植至院落内部，结合院落原本的临时搭建房屋位置，进行院落内部功能空间营造，既保留了场地的空间记忆，又在院落中提供了适宜的内部空间功能（图1-3-20）；在大型的展演空间或商业空间中，

图1-3-18　中山岐江公园中的“红盒子”

图1-3-20　北京“微杂院”儿童图书馆及艺术中心

图1-3-19　美国“亚马逊球”内部空间

图1-3-21　纽约Brookfield Place室内中庭

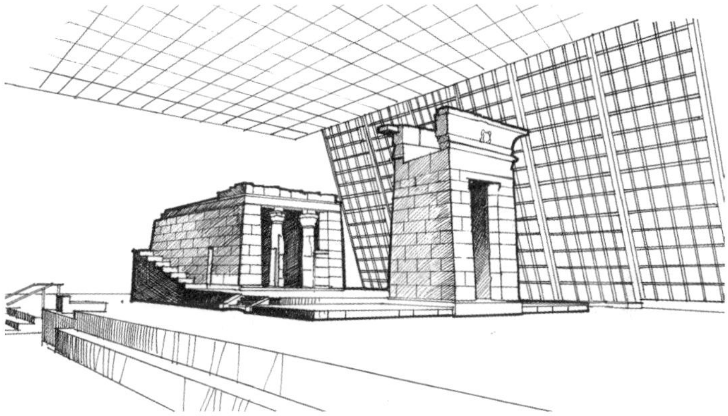
图1-3-22　美国纽约大都会博物馆

往往在建筑内部打造类似外部空间的尺度感与开放感（图1-3-21）。

思考与讨论

请举例说明内部空间和室内空间的区别与联系、外部空间和景观空间的区别与联系。

外部空间与内部空间不一定有明确的界线吗？那么哪些空间或形式可作为不明确的界线呢？

三、实空间与虚空间

从空间围合程度上看，空间又有实空间和虚空间之分。实空间的空间范围明确，通常有可见的、确定的边界进行限定或围合，空间感受较为强烈。实空间往往采用墙体、顶面、地面进行分隔和围合（图1-3-22）。

虚空间的边界则具有通透、隔而不断、若隐若现的效果，或其边界并非真实存在，而是产生于人心理的某种感受的“心理空间”。例如，行道树虽然不是一面实在的墙面，却能起到分隔车行道和人行道的作用；公园里的草地和硬质铺装之间虽然没有更多的分隔，却在无形中形成了草坪活动空间和道路交通空间；中国传统牌坊、牌楼等门洞式建筑物具有纪念和传统文化意义的同时，能够在心理上产生空间“虚”的划分（图1-3-23）。

与外部空间、内部空间是相生、相对、相依的关系一样，实空间与虚空间的关系也是如此。虚实空间亦可以共同存在，相互转化。Vessel作为纽约哈德逊广场新地标，突破了建筑的意义：从实空间的角度看，它是实在的建筑体，人能够真实地使用并体验其中的螺旋交通空间；从虚空间的角度看，它几乎没有封闭界面，形成了建筑内许多交错空间、视觉体验交错的虚空间，且在视觉完形的功能下，其在整体外部空间中亦成为一个具有倒多棱锥造型的、内部具有吸引力的建筑（图1-3-24）。

四、积极空间与消极空间

积极空间和消极空间的理论是芦原义信在《外部空间设计》中提出的，他认为“建筑空间可以大体分为从周围边框向内收敛的空间和以中央为核心向外扩散的空间”。

也就是说，如果一个具有意义的空间在自然中建立起向心的秩序，创造出能够满足人的意图和功能的空间，就是积极空间。这样的空间具有积极性、是有计划的，具有收敛性，具有从外向内的空间秩序。所谓计划性，对空间论来说就是首先确定外围边框，并向内侧去整合设计。建筑的内部空间可以说是具有内部功能的积极空间。比如，在某一场地上有目的、有计划地规划建设一栋建筑，并处理建筑与周边的关系，这一活动就是创造积极空间的活动（图1-3-25）。

如果一个空间被自然的、非人工意图的空间所包围，可以把它认为是消极空间。这种空间具有消极性，它是自然发生的，无计划性，具有扩散性。所谓无计划性，对空间论来说，就是从内侧向外增加扩散性。例如，可以把自然看作是无限延伸的无计划性的离心空间。一些自然生成的村落，是从内而外的自发扩散，它的周围空间可以是自由扩展的，可视为消极空间（图1-3-26）。

空间的创造性就包括从无限中有计划地分隔组织出积极性空间和创造向无限发散的消极空间。

积极空间和消极空间的概念对于感受空间的现象、认知空间规律和性质、创造空间形式、创建空间秩序等一系列与空间营造有关的活动都有很大帮助。

五、灰空间

某些情况下，内部空间与外部空间之间的界限并不是十分清晰，很难用有顶无顶来严格区分，这

图1-3-23　锦溪古镇入口牌坊

图1-3-24　美国纽约哈德逊广场地标Vessel

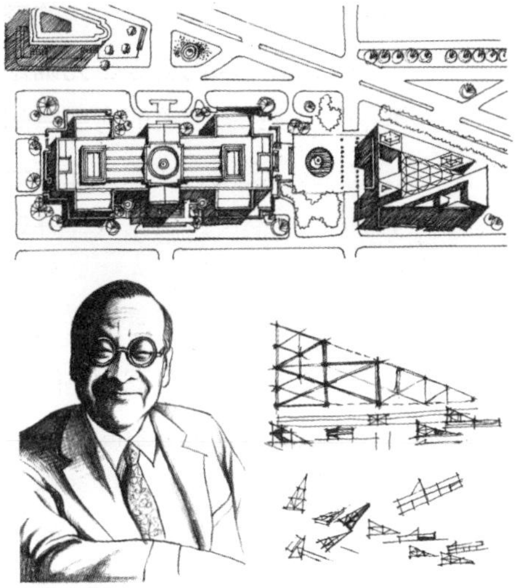

图1-3-25　贝聿铭设计的美国国家美术馆东馆

图1-3-26　自然生成的村落

（a）印度昌迪加尔法院　（b）理查德·迈耶设计的建筑　（c）景观亭

图1-3-27　各种形式的灰空间

些空间既可以说是内部空间，又可以说是外部空间。因此将其称为“灰空间”，又称“中介空间”“过渡空间”或“二次空间”。灰空间是介于内部空间和外部空间之间的一种空间形式，其空间特征是半封闭半开敞的，它兼具内部、外部空间的特性，具有过渡性、衔接性、模糊性、不定性和中立性等特点。

灰空间是由日本建筑师黑川纪章提出的，他在《日本的灰调子文化》一文中提出：“作为室内与室外之间的一个插入空间，介于内与外的第三域……因有顶盖可算是内部空间，但又开敞，故又是外部空间的一部分。因此，‘缘侧’是典型的灰空间，其特点是既不割裂内外，又不独立于内外，而是内和外的一个媒介结合区域”。

灰空间的连续性既可以是真实的空间连续，如中国传统建筑中的廊檐，建筑突出的片墙或屋顶，四面开敞的亭子，悬挑的雨棚等；也可以是视觉上的空间连续，如玻璃界面围合的建筑、透明珠帘做的界面等（图1-3-27）。

思考与讨论

你身边有哪些形式的灰空间？这些空间起到怎样的作用？

第四节　与空间相关的概念

与空间关系密切的词语有“环境”和“场所”。总的说来，它们之间有相似性且相互依存，又各有侧重。简单说，空间是一种物质存在，环境是一种具有丰富元素的空间整体，场所则更强调有人参与和人对空间的感知，三者有着不同的内涵与外延。

一、环境

环境，英文为Environment，是一个相对的概念，它是针对一个中心体而言的。这个中心体可以是人，也可以是物。因此，不同的学科对环境的定义具有不同的出发点。从建筑学角度而言，环境是以人为中心的，是人们赖以生存的外部客观环境，包括自然环境、人工环境和社会环境。山川河流、森林湖泊、花开鸟鸣、四季更替等都属于自然环境；以人工构筑物为主体的城市、建筑物、街道和公园等则属于人工环境；而社会环境则是指地域的生活文化、社会习俗等，三者共同构成人类的生存空间。

一般来说，作为设计对象的环境，是指人们从事生活、工作、娱乐、交往等活动所处的各种空间场所，以人工环境为主，但同时也与自然环境、社会环境有着千丝万缕的联系。它源于人们对自然环境的改造，改造的方式和途径又受到人们所处社会环境给予的集体意识、文化价值、技术结构等多方面的引导和制约。

可以看到，环境包含的内容不仅是它所存在的空间，还包括与此相关的一系列有关的事物，换句话说环境是围绕着人群及相关事物的空间。环境更多强调的是主体，并且环境围绕着主体存在，而空间是一个客观存在，更多关注的是它空的存在状态及界限。

比如一个房间，它空置着的状态只是一个有边界的空间实体，而当放置物件之后，空间的用途显现出来，成为办公空间、居住空间或展示空间。不同的物件及其布置又会引起人不同的行为，这些具有功能或意义的空间就可以称之为环境。总之，当空间融入某种特定功能和人的行为活动时，才能成为有意义的环境（图1-4-1）。

二、场所

场所，英文为Place，是指发生活动的地方，不是抽象的空间，而是一个具象的地点。它使人们主

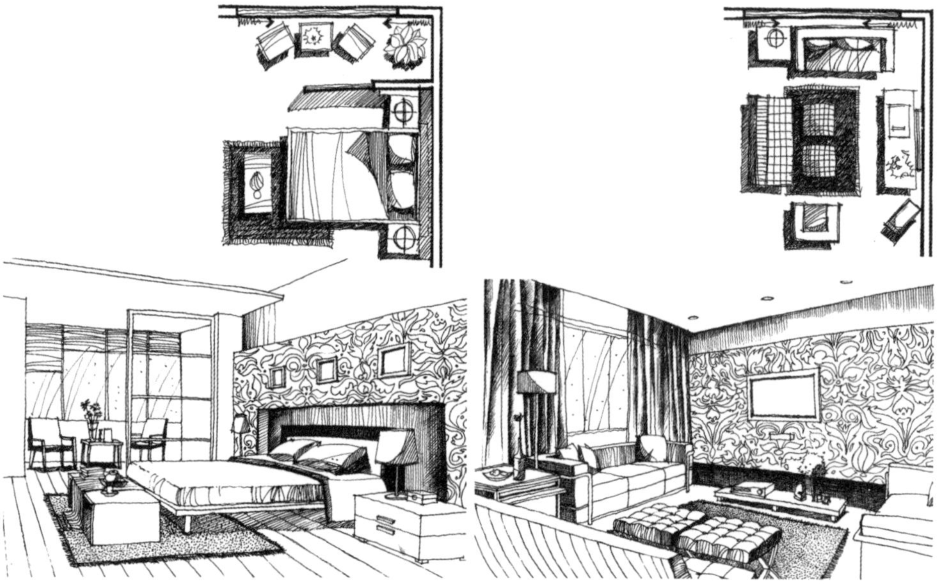

（a）作为卧室　　　　（b）作为客厅

图1-4-1　同一空间中的不同布置

要去考虑有限的区域尺度，如一块游戏的场地、一个书房、一个阳台等，暗示了一个有人参与的、集中注意力的中心。人们常说某时某地某人发生了某事，这里的某地，其实就是指场所。

诺伯格·舒尔兹的著作《场所精神：迈向建筑现象学》延续并发展了其在《存在·空间·建筑》一书中从人与环境的关系角度所提出的“存在空间”的概念，从建筑现象学的视角进一步阐述了场所的内涵。他认为环境最具体的说法就是场所，场所是具有清晰特性的空间。场所是由自然环境和人造环境相结合的有意义的整体，反映了在特定时间、特定地点中人们的生活方式和环境特征，是个体记忆和经验的物质化和空间化。应当以场所的观点来思索空间存在的价值：场所不仅仅是机能性的定量物质空间，还是需要具有某种特性或气氛的定性“认同性”空间。也就是说，只有当空间从文化、历史、活动和特定的地域中获得意义，才能称为场所。

场所不仅包括了一个具体的环境和空间，而且包括了时间、地点、人物、气氛等各种因素（图1-4-2~图1-4-5），即任何一个被人们正在使用的具体空间都可以看作是具有意义的场所。空间是作为有特性的场所而存在的，场所暗示了对空间附加的特殊意义和价值，如果具体的空间不存在了，这个场所也就随之消失。正如许多城市中的二手市场或夜市，都是在固定的时间将一个广场或街道空间变为市场，如果这个广场或街道不存在了，那么这些商业行为也不会发生，这种场所也就随之消失。

舒尔兹认为场所精神是场所可被人感知的典型

图1-4-2　夜市场所

图1-4-3　纪念场所（澳门大三巴牌坊）

图1-4-4　传统居住场所（镇江张云鹏故居庭院）

图1-4-5　学习生活场所（大学宿舍）

图1-4-6　社区公共场所

气氛，是一个场所的象征和灵魂。场所精神通过人对环境的“方向感”（Orientation）、“认同感（Identification）”和“归属感”的体验来获得。“方向感”表明人与场所的空间关系，为人在场所中自由活动带来安全感，回应了“我在哪里”的问题。“认同感”意味着人与所处环境之间产生某种共鸣，通过情感、记忆或历史等融为一体，接受并与空间保持良好的关系，赋予环境“精神意识”，回应了“我是否接受并喜欢这里”的问题。“归属感”则意味着使人留恋及自我价值的实现，回应了“我是否属于这里”的问题。场所精神的建立需要从物境到情境形成整体的氛围和某种精神的叙述（图1-4-6）。

总之，场所是关于环境的一个更为具体的说法，而场所又是具有特性的空间，这种特性通过场所精神被人们所感知。

思政训练

我国幅员辽阔、民族众多，不同地域、不同民族的传统建筑都有着独特的空间形式和空间特点。以居住建筑为例，北京的四合院、湘西的吊脚楼、云南的一颗印住宅、内蒙古的蒙古包……都呈现出独特的空间形式与特点。通过资料搜集，初步了解中国传统建筑的类型与特征，思考具有差异性的地域环境、社会背景和民族文化对建筑空间的影响和作用。充分感受并理解中国传统建筑的文化内涵与建造智慧，提升文化自信与民族自豪感。

第二章
再现空间

第一节　构成空间形式的基本要素

一、由点到空间的距离

瑞士艺术家、造型大师保罗·克利（Paul Klee）在《思考的眼睛：保罗·克利笔记》中写道："所有的绘画形式，都是由处于运动状态的点开始的……点的运动形成了线，得到第一个度；如果线移动，则形成面，我们便得到一个两度的要素；在从面往空间的运动中，面面相叠形成体（三度的）……总之，是运动的活力，把点变成线，把线变成面，把面变成了空间的量度"。根据保罗·克利的描述，点朝一个方向运动形成线，线朝一个方向运动形成面，面朝与之垂直的维度运动形成体，由点到空间的距离在于运动（图2-1-1）。

二、空间形式基本要素概述

点、线、面、体是构成形式的基本要素，每个要素都首先被认为是一个概念性的要素，然后才是设计专业领域词汇中的视觉要素（图2-1-2）。

这些要素在三维空间中则变得具体而可见，并演变为具有内容、形状、规模、色彩、质感等特征的形式要素。因此，任何复杂的空间形体都可以分解为不同的点、线、面、体，即理解为点、线、面、体间的组成关系（图2-1-3）。

形态是点、线、面按照比例、对称、统一等美学规律构成的，从形态构成的角度来看，各要素之间的划分是相对的。在一定的场合下，通过一定的

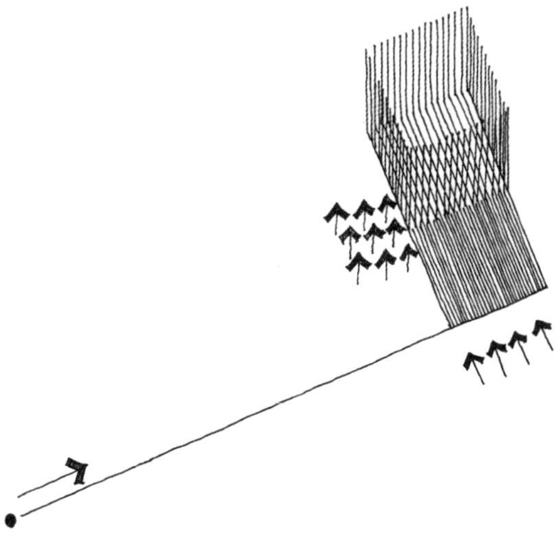
图2-1-1　保罗·克利对点到空间距离的描述

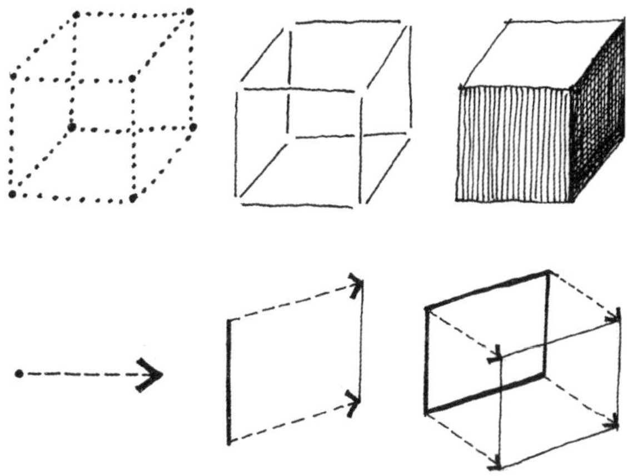
图2-1-2　形式的基本要素——点、线、面、体

图2-1-3　德国都柏林大运河广场的点、线、面关系

图2-1-4　奥地利蒂罗尔州因斯布鲁克艺术广场

图2-1-5　美国华盛顿大学空间意向

方式是可以相互转化的。

环境设计中，点、线、面作为形式要素共同作用，形成丰富多样的空间形态和组合方式。建筑和室内空间中，点线面构成比较清晰，如点要素为空间中的顶点或中心焦点，线要素为空间界面的边界或线式元素，面要素一般由顶面、墙面和基面组成。景观空间中的点要素可以是一棵树、一个纪念碑，也可以是一个景观节点，线要素可以是排成一线的行道树，也可以是湖滨沿岸线，基面主要为水面、以植物和各种材料的铺地表现出来的基面、树冠形成的顶面或是景墙所构筑的垂直面（图2-1-4）。

美国城市规划理论家、麻省理工学院教授凯文·林奇（Kevin Lynch）在《城市意象（The Image of the City）》一书中提出了经典的论断。他认为观察者实际是通过空间感知来把握城市内部空间结构并建立城市意象的，而这种空间感知就是以点、线、面为基本要素展开的。他总结了包含五个要素的思维导图，分别是区域（Districts）、路径（Paths）、节点（Nodes）、标志物（Landmarks）和边界（Edges）。其中，区域是可进入的二维“面”，人既能在内部识别它，又可以充当外部的参照；路径即移动通道“线”，是意象中的主导元素，应具有可识别性、连续性、方向性、明确的起始点等特征；节点是“点”，可以是焦点、连接点、交汇点、聚集点、转换点等，其影响由此向外辐射，成为区域的象征即核心；标志物是作为参照物的“点”，用于确定身份或结构的线索；边界是不同区域间起侧面的参照作用的“线”，既是连续“面”或“体”的线性中断，又起到连接区域的作用。五要素之间紧密联系且共同作用形成空间结构，空间结构与人的经验、感受相结合，形成空间意象（图2-1-5）。

思考与讨论

阅读《城市意象（The Image of the City）》一书，深刻理解五要素的含义。

三、点要素的特性与空间

1. 点要素的特性

点是形式的原生要素，它表示在空间中的一个位置。理论上，点要素既无形状或形体，又无量度（长度、宽度或深度），它是无方向性的、静态的和集中性的。因此，点物体在空间中有聚集视线的效果和标明位置的作用。形态构成意义上的点是具有形状、大小（面积、体积）、色彩、肌理等特征的。其大小具有相对性，点越大，它的特征就越明显。

2. 点要素的类型

在具体的空间设计中，有实点和虚点之分。

实点是空间中真实的构成要素，本身具有形状、大小、色彩、质感等特征。空间设计中的实点可以是：相对较大的空间范围中的一个较小的整体，作为中心点或节点而存在；或某一空间中相对独立的各个构成要素，如广场中的花池、坐凳、喷泉、雕塑等；一个柱状要素，在平面看依然保持着点的视觉特征，如旗杆、一棵树、纪念碑、记功柱等，它们虽然以柱状形态存在，但在整体空间中成为空间组织的中心点和视线的焦点；或是形式构成上的一些要素，如建筑立面上较小的窗洞、阳台、雨棚、入口及其他具有点的视觉特征的物体。

虚点是人们在空间中观察的焦点，可以控制人的视线，吸引人们对空间的注意。包括透视灭点、视觉中心点、几何中心点等。透视灭点是指人们在观察中，通过视觉感知的空间物体的透视汇聚点；视觉中心点是指在空间中制约人的视觉和心理的注目点。它们往往决定于观察者的位置、形式的空间布局及空间

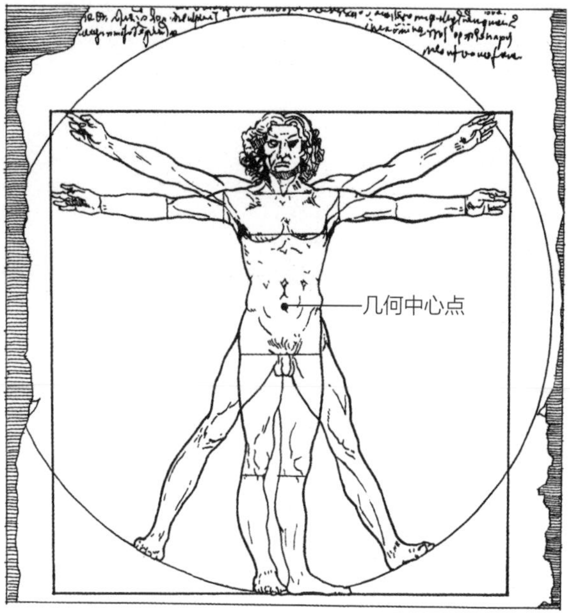

图2-1-6　达·芬奇的人体比例图

中各个环境要素的布置。几何中心点是指空间布局的中心点，空间的组成要素往往和它有对应的关系。几何中心点使环境要素合乎一定的数理关系，保持一种内在的秩序感（图2-1-6~图2-1-8）。

点的其他派生形式是：圆、圆柱、球体。这些也是最常见最基本的建筑空间形态。圆形空间、圆柱体空间和球体空间，都具有极好的内向性、集中性和向心性。（图2-1-9、图2-1-10）

四、线要素的特性与空间

1. 线要素的特性

线要素有长度，但没有宽度和深度。从形态构

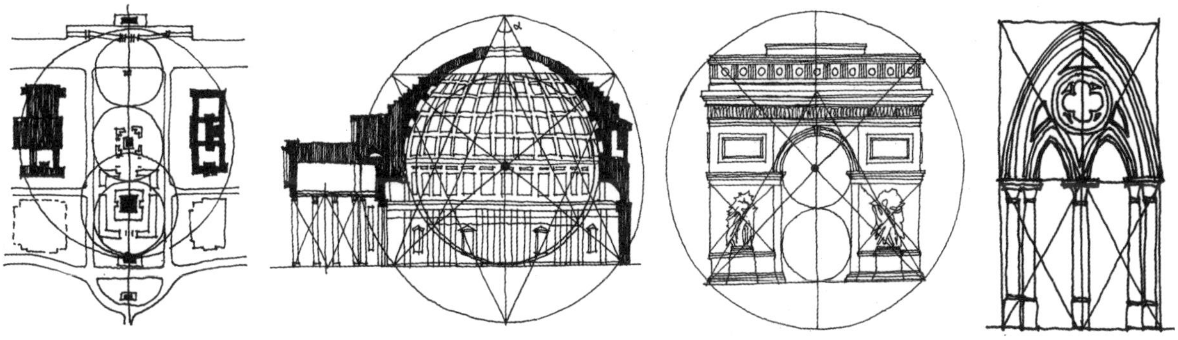

（a）天安门广场的几何分析　（b）古罗马潘泰翁神庙的几何分析　（c）巴黎凯旋门的几何分析　（d）高直建筑中的几何分析

图2-1-7　建筑中几何点的控制

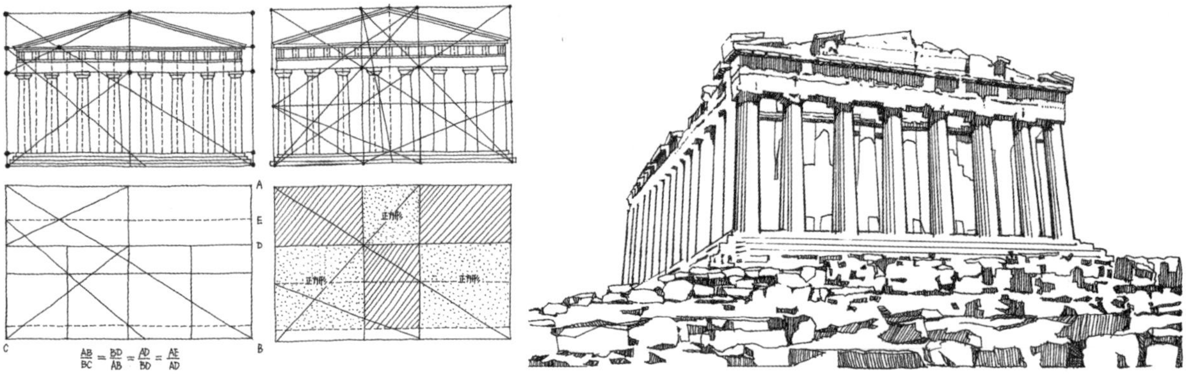

图2-1-8　希腊雅典帕提农神庙的几何点控制

图2-1-9　罗马斗兽场

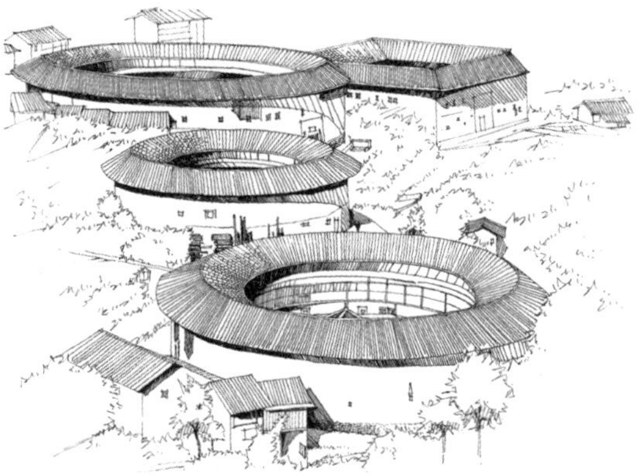

图2-1-10　永定土楼

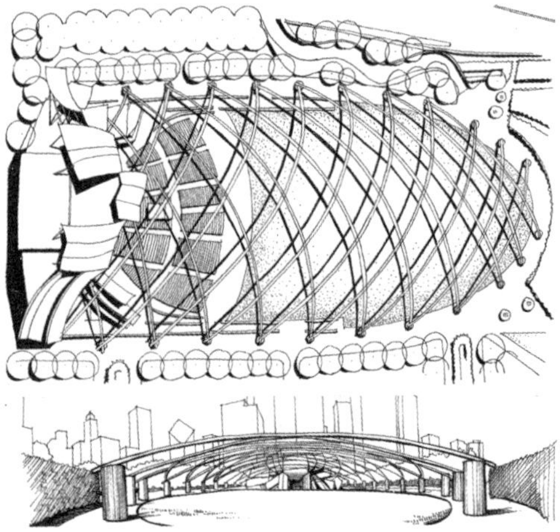

图2-1-11　由“线”构成的虚顶（美国芝加哥千禧公园露天音乐厅广场）

图2-1-12　由“线”构成的空间界面（美国波特兰坦纳斯普林斯公园）

成的意义上讲，线具有形状、宽窄、色彩、肌理等特征，当形的长宽比较大时即可将其视为线。线具有方向性、运动感、生长感和连续性，线的方向影响着它在视觉构成中所发挥的作用。

同样的或类似的元素按照一定规律重复、排列并达到足够的连续性，也可以看成一条线，这一类型的线具有重要的体积感和质感特征，如柱阵或树阵。

线要素可以用来连接、联系、支撑、包围或贯穿其他视觉要素，拥有必要的材料强度的线要素能够发挥结构的作用，结构的美感很大程度上来自于线构成的美感（图2-1-11）。

线要素还可以用来作为空间的边界，形成类似面的效果（图2-1-12）；或是限定事实上通透的空间，起到不同程度分隔的作用。

2. 线要素的类型

线的形态取决于线的长宽比、外轮廓、方向以及它的间隔距离或连续程度给人的感知。线要素包括直线、折线、曲线、弧线等。不同形态的线给人不同的感受：水平线蕴含稳定感，能使视觉进行横向延长，有扩展之感；垂直线给人坚韧挺拔、向上的感受，可以在视觉上提升空间高度；弧线具有某种导向性和方向感；曲线给人流动、活泼之感；折线则显得空间独特、刺激，富有个性。

真实的空间设计中，也存在假想的或虚拟的线。如轴线是空间中彼此分离的点之间建立的看不见的直线，但通过设计的组织可以让人感受得到（图2-1-13）。光影线也是虚拟的一条线，空间形体在光的作用下在空间界面上产生的一种特殊的效果，会因时间的不同而改变光影线的形状、位置等，进而影响人对整个空间的感受（图2-1-14）。景观中常用到的视景轴线，虽然不是实体的线，却通过景观要素的设计形成了一条空间的视线通廊，起到连接、渗透不同空间的视觉体验效果（图2-1-15）。

五、面要素的特性与空间

1. 面要素的特性

面是点和线累积排列的结果，面要素有长度和宽度，但没有厚度。二维的面表现其方向和位置，当面进行弯曲、折叠、相交后会形成三维的面。从形态构成的意义上讲，所有的面都是有一定厚度才能存在的，也可以说当单体较薄时也可以看作是一个面。

面是空间构成的关键和主要元素。每个面的属性（尺寸、形状、色彩、质感）以及它们之间的空间关系，最终决定这些面限定的空间形式所具有的视觉特征，以及它们所围起空间的质量。作为视觉艺术的建筑，专门处理形式和空间的三度体积的问题。

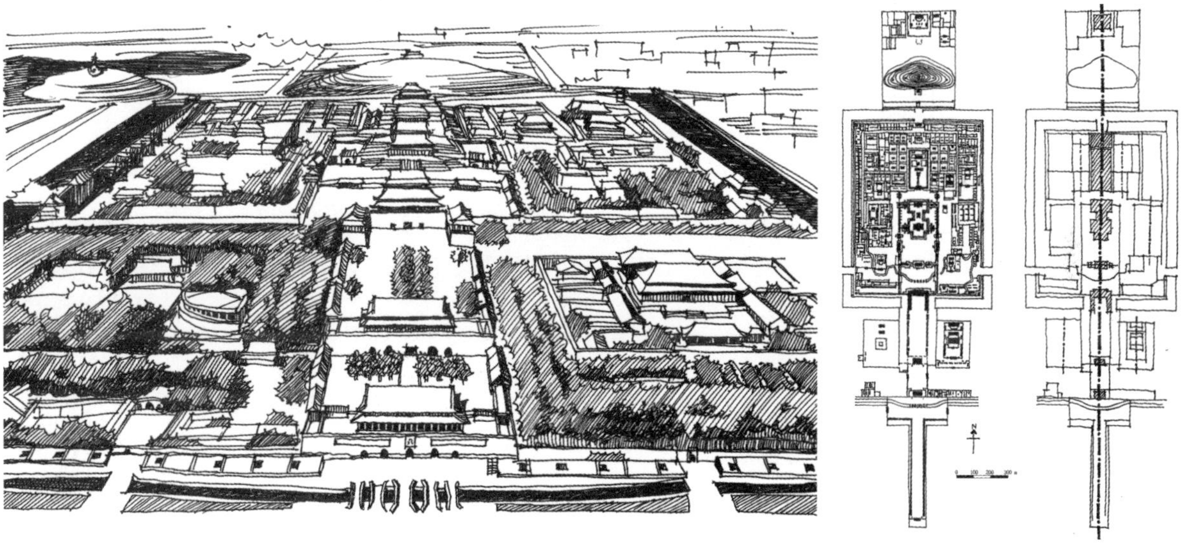

图2-1-13　故宫的空间轴线

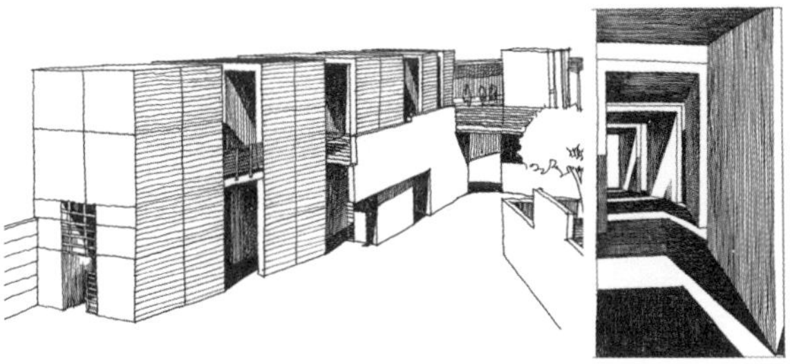

图2-1-14　意大利新奥托纳公墓的光影效果

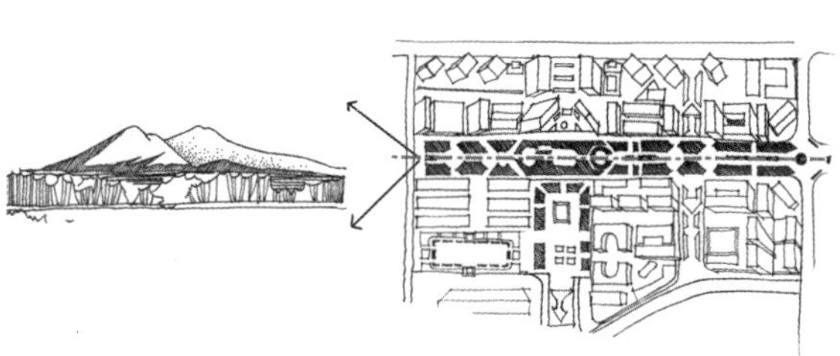

图2-1-15　意大利那不勒斯城市综合体的视景轴线

形状作为面基本的、可辨认的特征，它由形成面的外边缘轮廓线确定。在现代和当代建筑中对建筑表皮的处理已经成为空间设计中的重要内容。

面的空间限定感强，面的围合是构成空间、形成体量最重要的手法，各种各样面的形式和围合方法组成了丰富多彩的空间。

2. 面要素的类型

空间设计中的面被称为界面，界面可以限定形式，分隔空间，也可以限定体积，围合空间。界面根据其所处的空间位置，可分为顶界面、垂直界面和底界面三种（图2-1-16～图2-1-18）。

面可以分为平面、折面、曲面三种类型。任何面的形状都会因透视的原因而发生视觉上的改变。当正对平面看的时候才是它真实的形状，折面和曲面的形状要借助空间的坐标来确定。

当然，顶界面、垂直界面和底界面可以是水平面、折面或曲面，合理设计可形成变化丰富、形态新颖的空间（图2-1-19～图2-1-23）。

图2-1-16　顶界面限定的景观空间（澳大利亚悉尼奥体中心）

图2-1-17　室内的垂直界面

图2-1-18　底界面变化限定的户外休憩空间

图2-1-19　西班牙巴塞罗那达尔哥诺·玛公园

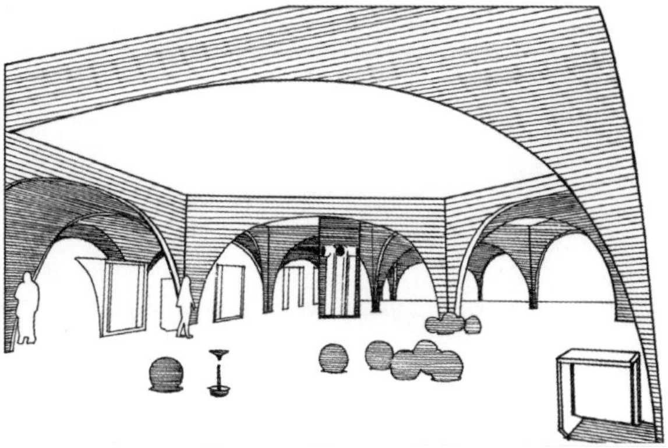

图2-1-20　日本东京Tama艺术大学图书馆

图2-1-21　室外景观墙

图2-1-22　上海嘉定东来书店

图2-1-23　加拿大多伦多舍伯恩社区公园

六、体要素的特性与空间

1. 体要素的特性

体要素具有三个量度：长度、宽度和深度。所有的体，可以分析和理解为由以下部分所组成：点（顶点）——几个面在此相交；线（边缘）——两面在此相交；面（表面）——体的界限。

形式是体的基本的、可辨认的特征。它是由面的形状和面之间的相互关系所决定的。体可以是有充实的体量感和重量感的实体，它本身占据并置换了空间；也可以是由面所包容和围起而形成了虚体空间，并伴随着人观察角度的不同表现出不同的形态，给人不同的视觉感受。

2. 体要素的类型

体的类型可分为规则的和不规则的形式。

规则的形式是指形式的各个局部彼此之间的关系是以一种有秩序的方式来组成的。一般在性质上呈稳定状态，并以一条或多条轴线对称。柏拉图体是规则形式的基本实例。形式可以保持其规则性，甚至在量度上发生变化或增减其要素的情况下也是如此。

不规则的形式是指这些形式的各个局部在性质上都不相同，彼此之间的关系并不是前后一致的组织起来的。它们一般是不对称的，比规则式更富有动态。它也可以是在规则的形式上减去不规则的要素后所形成的构图，或者是规则形式的不规则构图。

规则式也可以保持在不规则式之中。不规则的形式也可以被规则式围起来。

空间设计中常涉及的体有：立方体、长方体、圆锥体、棱锥体、圆柱体、圆球体、椭圆球体、圆环体或弧形体等。空间形态可以由一种简单的几何形体构成，也可以由几种形体组合而成。

总之，点、线、面、体作为构成形式的基本要素，综合组成了变化无穷的现实空间（图2-1-24）。

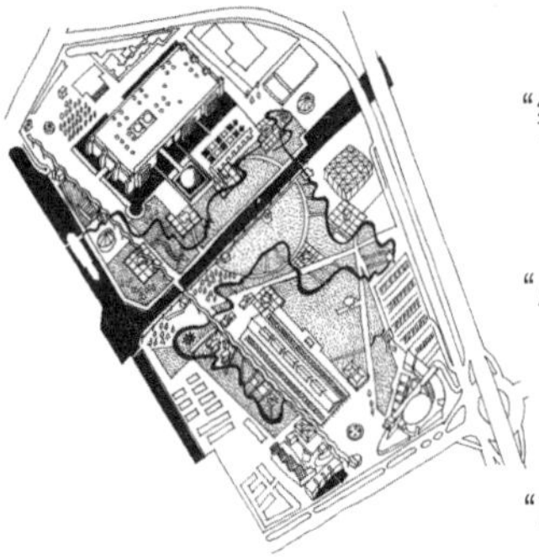

（a）公园平面图

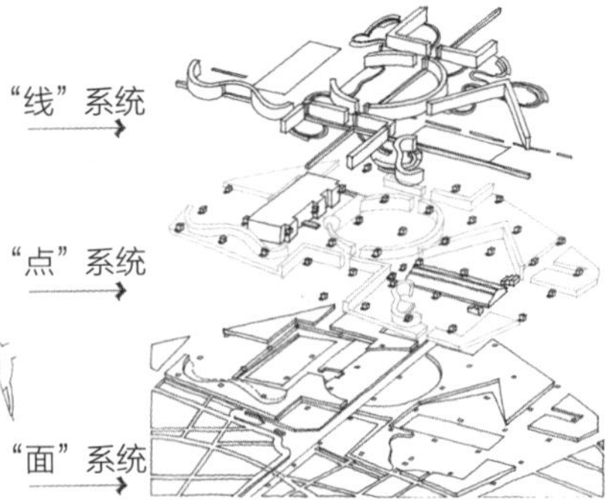

（b）点、线、面、体构成关系分析图

（c）作为"线"的廊道

（d）作为"点"的构筑物

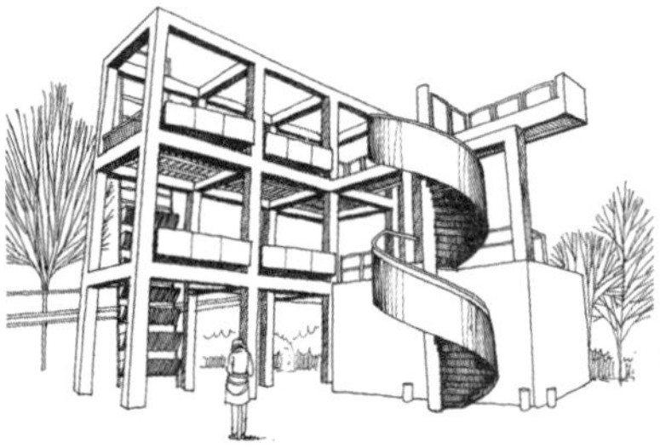

（e）作为"点"的构筑物

（f）作为"点"的构筑物

图2-1-24　法国拉·维莱特公园

第二节　人的视知觉特性

一、视知觉的完形心理

完形心理学创始于德国，又叫格式塔心理学（GESTALT），强调知觉的能动作用。它认为各种形态在空间中的关系是相互影响的有机整体；认为视觉感知不是对元素的机械复制，而是对有意义的整体结构样式的把握，是一种积极的理性活动；认为平衡是人类视觉所追求的最终状态，当人看到残缺图像时，心理上会追求一种平衡，以改变在探索中的紧张心情。人的视觉会追求完整性及图形的简化，自动将已知图形补充或还原到应有的完整形态。在视觉完形中，遵循着一系列如简化、相似、类似、图底、闭合等原则，其中，简化原则又是造型在人的心理和视知觉上的最基本的原则和法则（图2-2-1）。

空间一方面是承载功能或某种意义的实体，同时也是需要人进行主动认知和主观联想的虚体。在空间设计中，经常通过视觉的完形特性来弥补空间的不完整性，既不是真实的完整存在，又让人产生视觉上的完整效果，而这种特性都是在视觉将繁复的细节摒弃之后，从大的空间形式中提炼出来的（图2-2-2）。

视觉完形性指的是当人用眼睛观察世界时，总是倾向于用自己所熟悉的经验，把原本缺失的或是散乱的事物进行主观的加工，进行整体感知。

二、视知觉的基本特性

视知觉的基本特性包括单纯性、群化现象、方向性、光色性和力能性等。

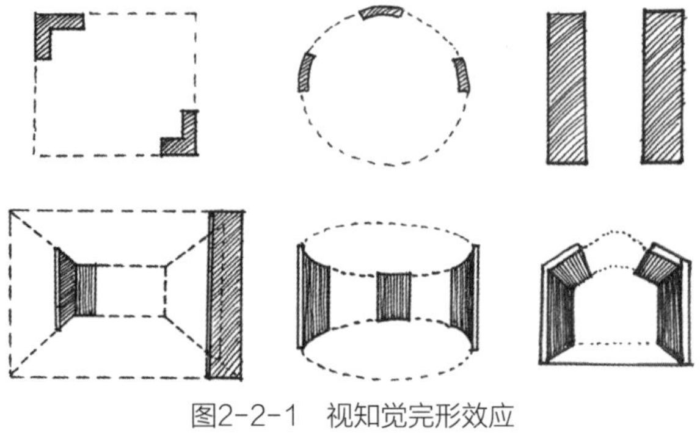

图2-2-1　视知觉完形效应

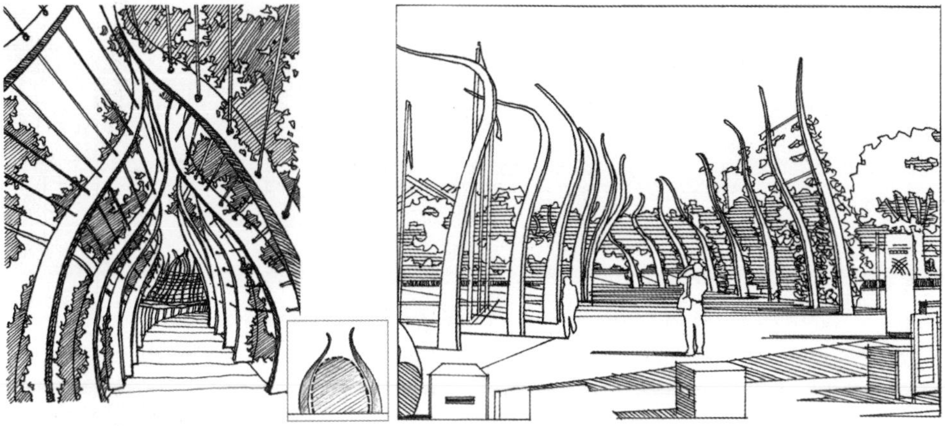

图2-2-2　澳大利亚布里斯班盛大的花架

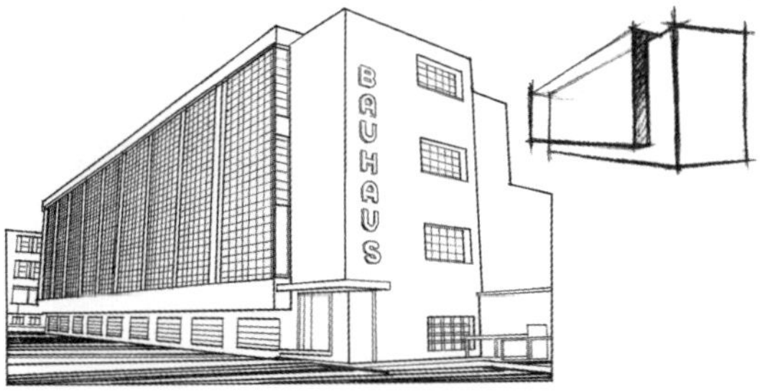

图2-2-3　德国魏玛包豪斯校舍

图2-2-4　无锡南长街古民居

1. 单纯性

单纯性是指视觉的简化原则使人观察空间时，首先捕捉的是简单、肯定的几何形体，把握形态的主体特征，而会自动摒弃那些装饰的部分。因此，如果空间整体体量分散，无重点，就会对认知造成干扰，使人难以把握，造成秩序混乱（图2-2-3）。

2. 群化现象

群化现象是指相似的形态会发生群化现象，视觉的群化是指视觉具有将相互类似、接近或对称的形态感知为整体的倾向。群化是大脑将分散的因素通过视觉组织起来，使其成为一个整体的一种方式。例如一些古民居街区，将“和而不同”的特点发挥得淋漓尽致，每一栋建筑都不尽相同，然而经过视觉的简化和群化现象处理之后，人们会发现它们的共同之处，以内在的联系将其视为一个整体群落。正因为视觉的这些特性，人们看到的才是一幅幅和谐的画面（图2-2-4）。

3. 方向性

方向性是指同一空间形态中，线条方向性的不同会使人产生不同的空间感受，特别是在透视的作用下，空间的方向感就更加明显。视觉的方向性在建筑形态的构件组织中表现得最为明显，通过对线条的走向、纵横、交织、重叠、疏密、长短、引导或过渡等手法的处理，都会带来不同的视觉效果。（图2-2-5、图2-2-6）。

4. 光色性

光色性是指视觉不需要特殊的引导控制，自觉地会将目光转向那些明度高、彩度高的地方（图2-2-7、图2-2-8）。视觉的暂留现象、震颤效应等都会使空间产生闪烁、流动的不安定感。

5. 力能性

视觉的力能性是指某些形态在视觉上会产生运动和方向性，构成力感和动感。这是一种为了追求视觉和心理的平衡，由形态引起的心理上的力。力能性使人在空间中会产生一种自发的连续性、流动性、引力和张力（图2-2-9）。

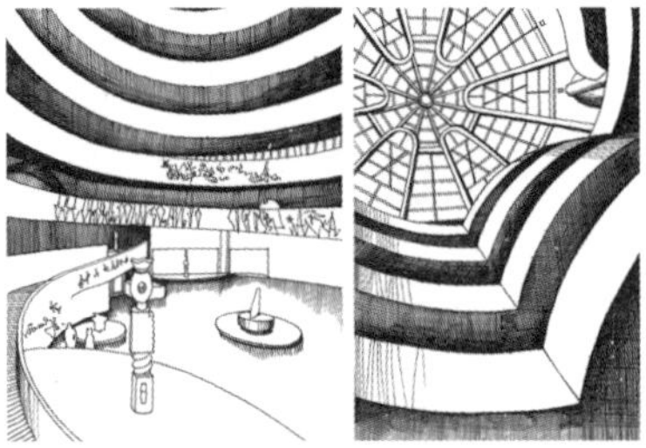

图2-2-5　美国纽约古根海姆博物馆内部

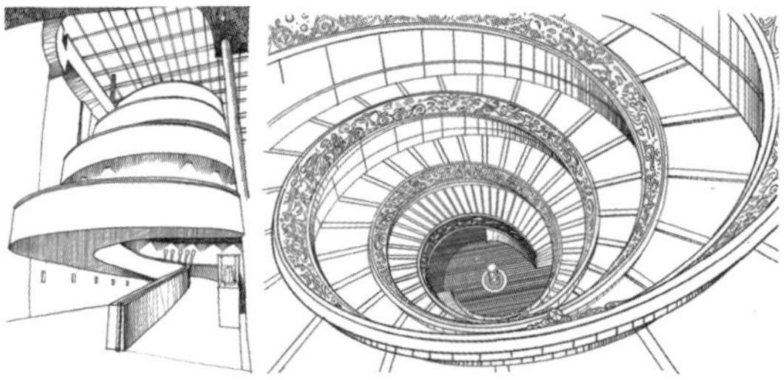

图2-2-6　梵蒂冈博物馆

图2-2-7　美国麻省理工学院MIT小教堂

图2-2-8　杭州美丽洲教堂

图2-2-9　德国魏尔维特拉消防站

第三节　空间的构成方式

一、图和底

人们的视野中总是会出现不同性质、尺寸及色彩的各种要素，形成一个个构图，为了更好地理解空间的结构，我们可以将其中的各要素整理归纳，就会发现构图中总会存在图形和背景的关系，把这些要素按照正、负的相对概念进行组织。“正”即“图”，称之为“形”，是指构成视觉形式主题的要素，背景则是衬托图形的其他部分。相应地，“负”即“背景”，称之为“底”。对一个形式的感知和理解，往往通过图形和背景的关系而加强，即图底关系。

图和底是相对的，然而又是不能分开的，既是相互联系的，又是相互区别的。没有底则无所谓图，没有图，底也就不存在了，两者相互依存，对立而统一。图和底有时候有明确界线，有时候亦十分含糊，以至于我们无法明确区分哪里是图，哪里是底。但必须要注意，无论何时，吸引我们注意的要素还是正要素——“形”。总之，图和底可以相互转换，图可以看成底，底亦可以看作图（图2-3-1）。

思考与讨论

图2-3-2中，在a的比例大概超过多少的时候就可以成为底了呢？

二、形式和空间

如同图和底的关系一样，形式和空间也是对立统一的关系。作为形式的实体和作为空的空间同样可以相互转化，它们依靠彼此而存在，成为互为反转、共生共存的关系，不能割裂开来。因此，应整体性地把握形式和空间，辩证性地理解二者的关系。

如果没有建筑占据的实体，那么街道空间就无从谈起；如果把街道空间看作实体的时候，建筑实体则可以看作是虚的空间。意大利测量员詹巴蒂斯塔·诺利（Giambattista Nolli）在1748年绘制出的“罗马地图”中，街道、广场和教堂的内部空间皆用白色来表示，重点在于表现建筑的空间形态，即空的可用的部分，如果把黑白反转，重点则为表现围合空间的实体部分，如墙体、柱子等（图2-3-3）。因此，在表现形式和空间关系的时候，应充分认识到两者相互依存的关系，把需要强调的部分作为图进行研究讨论，而把其余的部分作为底。

“图底分析”是城市空间结构分析常用的方法。根据图底关系的反转，芦原义信提出“逆空间”的概念。他认为设计者往往对建筑所占据的空间十分关心，但建筑没有占据的逆空间，即建筑周围的外部空间也应受到同等程度的关心。

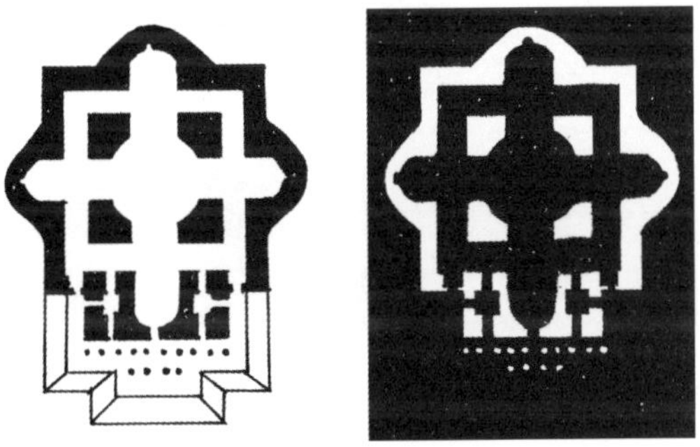

图2-3-1　图底关系反转

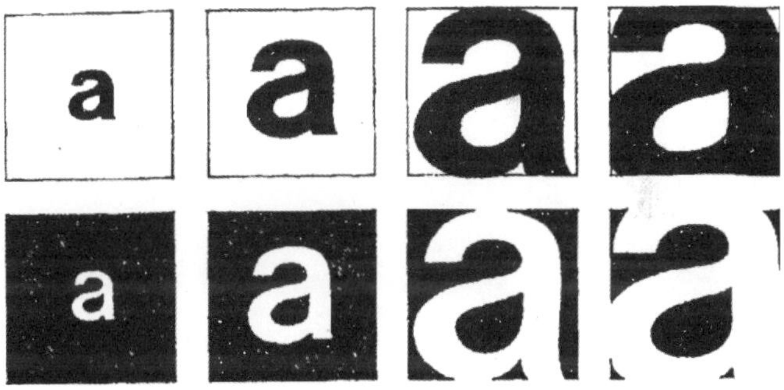

图2-3-2　图和底的转换

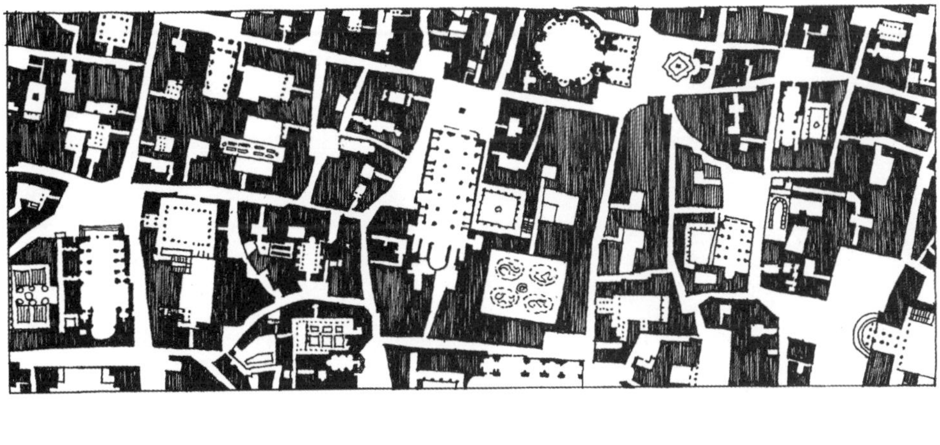

图2-3-3　诺利绘制的罗马地图

三、形式限定空间

人们对空间的感知，基本是依靠限定空间的各形式要素而实现的。形式要素对空间限定的手段十分多样，边界成为重要的物质载体。

限定空间的边界可以是一个面或一个实体，比如某一栋或几栋建筑、街道、广场、墙体、屋顶、植物等（图2-3-4～图2-3-7），也可以是几根线，比如一排路灯、一组旗杆、一列广告牌等，还可以是运用色彩、材质等手段形成的相对模糊的界限范围，通过人心理和感受的限定而产生空间感（图2-3-8～图2-3-10）。

图2-3-4　德国杜塞尔多夫街头公园

图2-3-5　美国Medtronic公司专利花园

图2-3-6　公园中的亭子

图2-3-7　芬兰赫尔辛基当代艺术博物馆室内

图2-3-8　法国里尔火车站

图2-3-9　美国纽约麦迪逊花园广场

图2-3-10　韩国釜山设计中心

前面讲到面要素对空间的限定时已经提过，界面根据其所处的空间位置，可分为顶界面、垂直界面和底界面三种。具体来看，底界面一般指空间存在的基本界面，如地坪、楼板、水面等。顶界面是指空间的水平方向围合面，如屋顶、天棚、树冠形成的虚顶等。垂直界面指空间在垂直方向的围合面，如墙面、门窗、绿篱、垂直隔断等。一般来说，内部空间底界面、顶界面和垂直界面较为完整，而外部空间由垂直界面和底界面所限定而成。某些情况下，垂直界面不够清晰甚至不存在。

当然，空间的形成或限定，并非要求顶界面、垂直界面和底界面等界面同时存在，运用其中一至两个要素即可形成空间感。空间界面使用越多，空间的界限越清晰，空间的领域感越强烈；反之，空间的界限相对模糊，空间的领域感越弱（图2-3-11~图2-3-14）。

从形式要素的角度看，限定空间的形式要素形态可归纳为以下四种方式：水平要素限定空间、垂直要素限定空间，水平要素与垂直要素结合限定空间，水平要素与垂直要素合并限定空间。

1. 水平要素限定空间

水平要素主要包括基面、底界面和顶界面。其中，基面是地面对于建筑形式提供的有形的支撑和视觉上的基本面和基础面。底界面和顶界面则指某一空间的围合界

图2-3-11　英国伦敦Thames Barrier公园

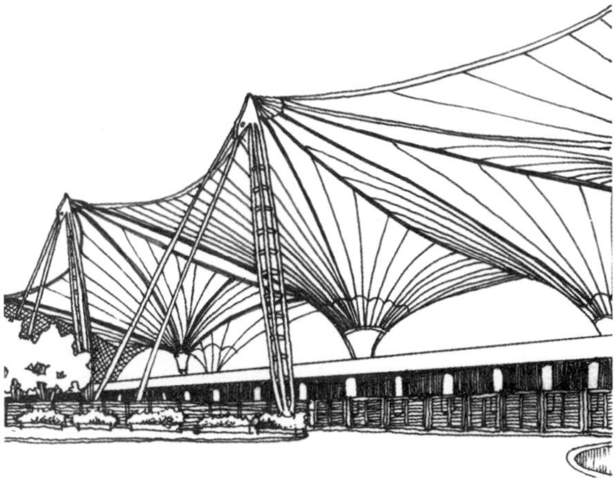

图2-3-12　2010上海世博会世博轴

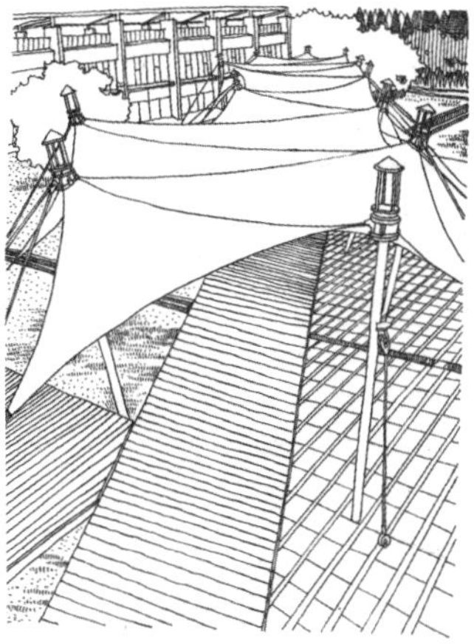

图2-3-13　某居住小区张拉膜结构景观棚

图2-3-14　苏州某会所入口

面。水平要素限定空间的方式即指运用基面、顶界面、底界面空间位置的变化来限定空间，形成不同的空间感受。

（1）底界面限定空间。

底界面与基面重合时，主要依托底界面的色彩、质感和肌理与周围环境进行区分，就可以限定出一个空间范围，但限定感较弱。例如，空间设计中常用地面材质的变化来区分不同功能区域（图2-3-15~图2-3-18）。

底界面相对基面升起时，升起的底界面会有一种更加强烈的空间领域感，并给空间带来一种扩张性。底界面升起的空间具有一种神圣感和庄重感，能够表达空间的重要性，并能充分吸引人的注意力。一般在需要表达场所具有庄严、威严或敬仰的气氛时，会采用底界面逐渐抬高升起的形式，如在大型公共建筑、纪念馆、宗教建筑的空间设计中经常使用此方法（图2-3-19~图2-3-21）。

另外，底界面升起的高度影响着人的视觉感受与整体空间的连续性之间的关系。当升起的高度低于人的视平线时，空间范围得到良好的划定，视觉与整体空间的连续性得到维持；当升起的高度超过人的视平线时，视觉与整体空间的连续性将被中断（图2-3-22）。

底界面相对基面下沉时，下沉部分可以明确界定一个范围，并给人以强烈的空间感。底界面的下沉使形成的空间具有一种内向性、保护性、亲切感和安全感（图2-3-23~图2-3-26）。

同样，底界面下沉的程度影响着人的视觉感受与整体空间的连续性之间的关系。当下沉的程度较小时，下沉部分空间自身具有一定的领域感，并与周围空间仍保持着较好的整体性；而当下沉的程度较大时，人的视觉与整体空间的连续性被中断，下

图2-3-15　荷兰Van Heekplein超市广场

图2-3-16　苏州金鸡湖畔

图2-3-17　上海延中绿地

图2-3-18　韩国釜山医院

图2-3-19　无锡灵山大佛

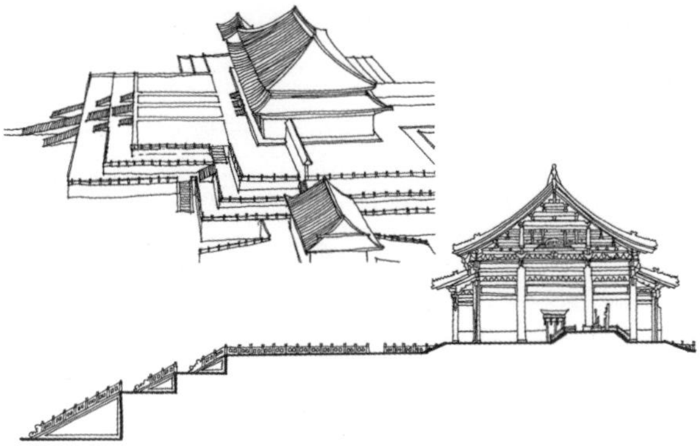
图2-3-20　北京故宫太和殿

图2-3-21　某咖啡厅室内局部空间抬升

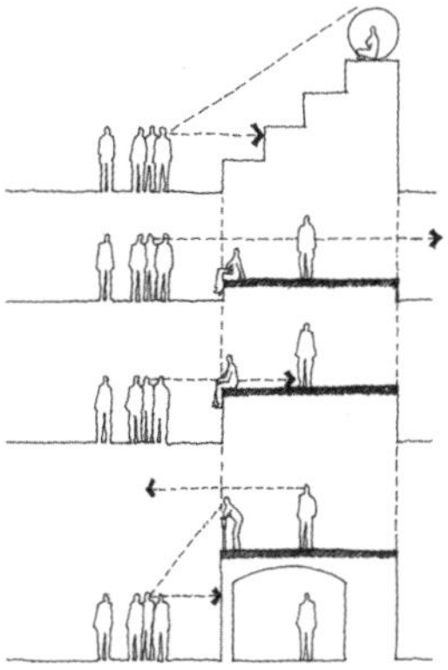
图2-3-22　底界面升起的高度与人的视觉感受和周围空间的联系

图2-3-23　上海静安寺广场

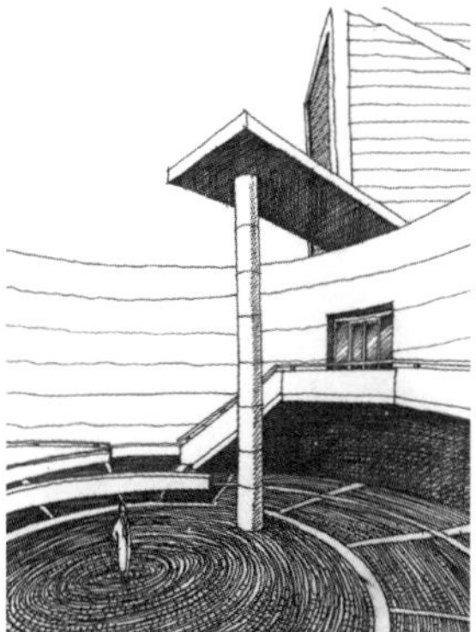
图2-3-24　日本大阪府立狭山池博物馆

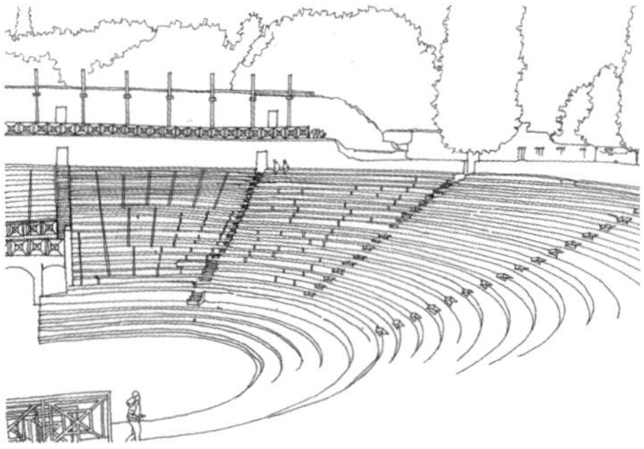
图2-3-25　意大利庞贝古城剧院遗址

图2-3-26　美国纽约洛克菲勒中心

沉部分空间具有较强的独立性（图2-3-27）。

在空间设计中，通过底界面的控制来限定空间的方式有广泛的应用。例如，内部空间设计中常用下沉来限定某个功能区域（图2-3-28），外部空间设计中更常见的是下沉广场和庭院等，用周围的体量防护来自地面上的风、噪声等。开放的顶部是地下所覆盖空间的阳光的来源，并从这里可以与基面产生视觉联系（图2-3-29）。景观空间中利用水面进行空间分隔，可以有效地控制人的行为，并在视觉上保持空间的连续性和渗透性。同时，倒影可扩大和丰富空间，还可以使景物构图更完美（图2-3-30）。

（2）顶界面限定空间。

顶界面可以限定它本身至底面之间的空间范围。首先，顶界面空间的形式和性质受到顶面的边缘轮廓、形状和尺寸的影响（图2-3-31）。其次，顶界面宽度和顶面高度的高宽比决定人对空间的不同感受（图2-3-32）。另外，顶界面与地面之间的

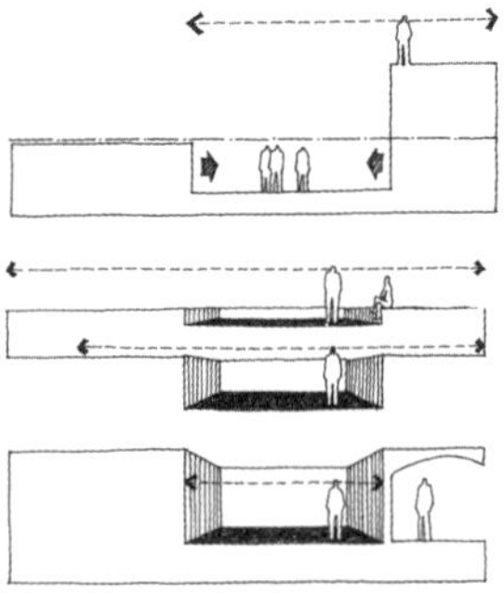

图2-3-27　底界面下沉的高度与人的视觉感受和周围空间的联系

图2-3-28　美国马赛诸萨州海滨住宅

图2-3-29　北京奥林匹克公园的下沉庭院

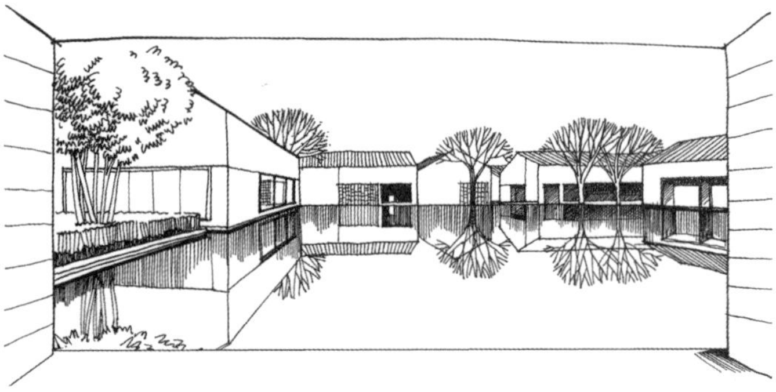

图2-3-30　浙江阿丽拉乌镇小院

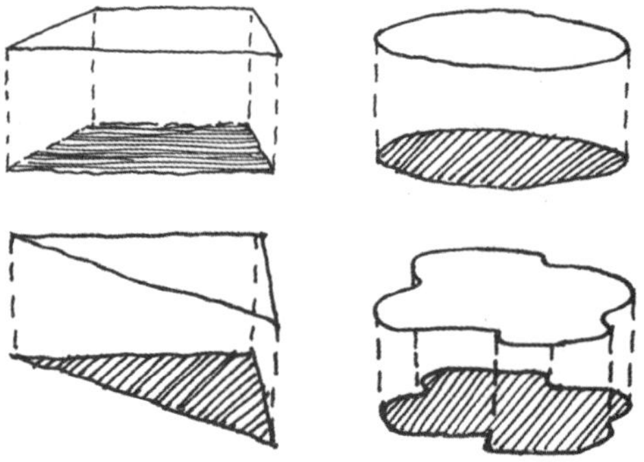

图2-3-31　顶界面的形状限定空间形状

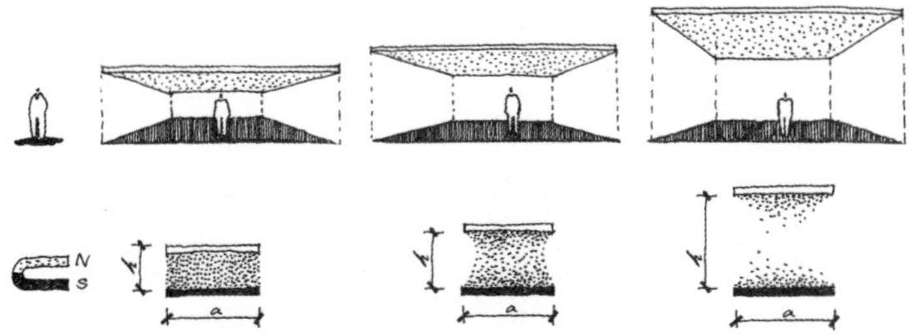

图2-3-32 顶面高宽比影响空间感受

图2-3-33 上海延中绿地观景亭

图2-3-34 无锡蠡湖之光飞泉帆影

图2-3-35 2010年上海世博会墨西哥馆

绝对高度对空间有着重要的影响。所谓绝对高度是指顶界面相对于人的高度。绝对高度过低，所形成的空间会显得压抑；反之，绝对高度过高，所形成的空间则不够亲切。

前面已经列举了不少顶界面限定空间的案例，可以看出顶界面最大的空间特征就是具有遮蔽性，它所限定的空间私密性并不强，空间围合感也不够强烈。倘如与垂直界面配合，其空间领域感则会明显增强（图2-3-33～图2-3-36）。

图2-3-36 墨西哥高科技办公园区

2. 垂直要素限定空间

垂直要素限定空间的方式主要指运用各种形式的垂直界面来限定空间，而垂直界面表现为建筑结构（墙、柱）、隔断、装饰构架、家具、栏杆、水体绿化、照明装饰等垂直要素。

水平要素限定的空间在垂直边缘是暗示的，同时，由于人的视线与垂直要素相垂直，故相同大小的水平面与垂直面相比，垂直面看起来更大。因此，从人的视线来说，垂直要素要比水平要素对空间的限定更加直接有效。

（1）垂直线要素限定的空间。

垂直线要素限定的空间有相对清晰的空间领域感，但不完全隔断空间的连续性，为视觉的通透提供了可能（图2-3-37）。在具体的空间设计中，垂直线要素可能表现为独立的垂直线要素、两根垂直线要素和三根或更多的垂直线要素等情形，空间的边界从无到有，其限定的空间从模糊不明确的空间感，到类似墙面的空间和视觉效果，空间的领域感愈发强烈（图2-3-38～图2-3-43）。运用垂直线要素限定的空间具有趣味性，显得活泼生动。空间之间的渗透性和交融性好。

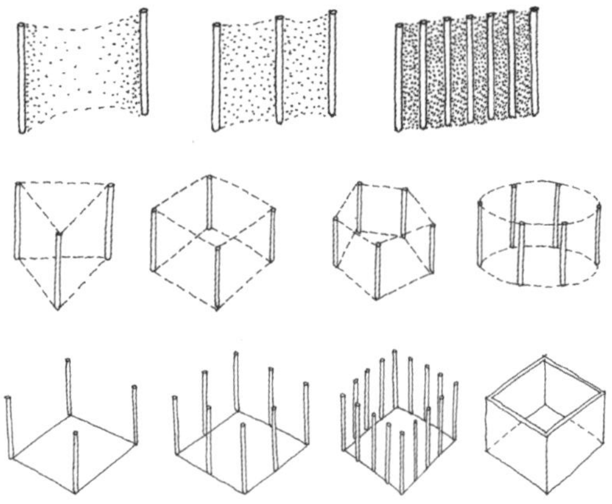

图2-3-37　垂直线要素限定空间

图2-3-38　太原永祚寺双塔

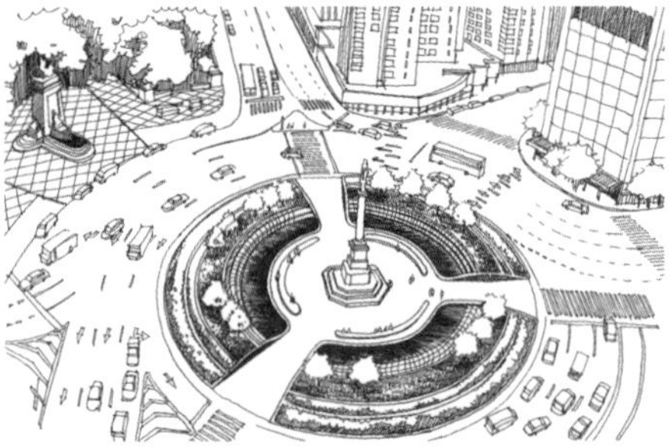

图2-3-39　美国纽约哥伦比亚广场

图2-3-40　意大利罗马万神庙柱廊

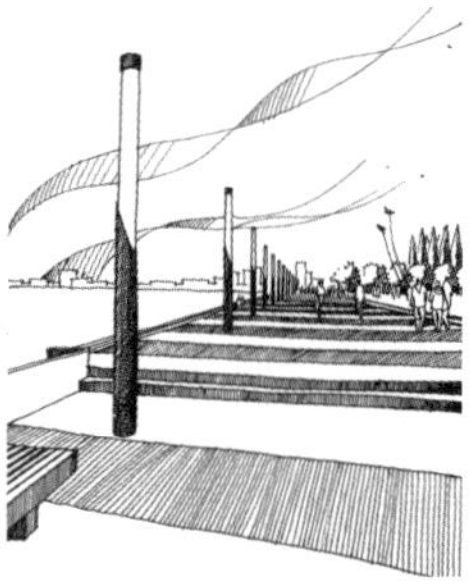

图2-3-41　苏州金鸡湖畔

图2-3-42　宁波天一广场

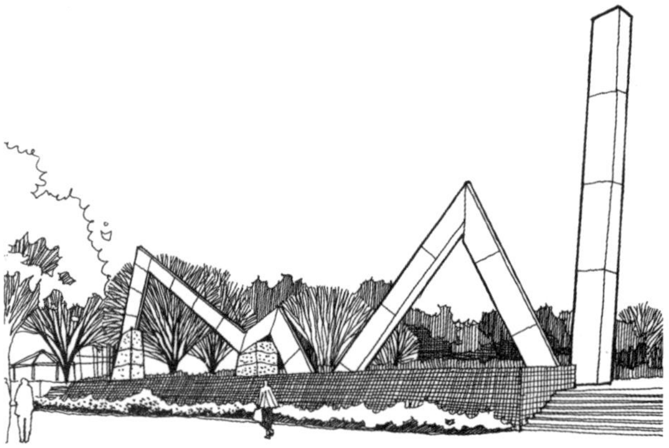

图2-3-43　某公园景观

（2）垂直面要素限定的空间。

垂直面要素限定的空间具有更加明确的空间领域感，垂直的墙面是在视觉上起到限定空间和围起空间最积极的要素。在具体的空间设计中，垂直面要素可能表现为单一垂直面、组合垂直面等情形。单一垂直面、垂直面L形组合（2个垂直面）、垂直面平行组合（2个垂直面）、垂直面U形组合（3个垂直面）和垂直面封闭组合（4个垂直面）等所形成的空间，随着垂直面数量的增加，其限定的空间从仅有分隔和呈现外向性，到具有明显的内向性，甚至封闭性（图2-3-44）。以上垂直面组合围合而成的空间领域感由弱到强，相邻空间之间的连续性由强到弱，甚至丧失（图2-3-45～图2-3-52）。

垂直要素除了限定空间之外，往往还起到有效分隔空间的作用。其分隔方式主要有以下几种。

①绝对分隔：利用实体界面对空间进行限定，有分明的界限。如墙对室内空间的分隔是绝对分隔。景观空间中，利用高于人视点的实体界面，如绿篱、景墙等，可进行绝对分隔。

②局部分隔：在室内中采用隔墙、家具、屏风

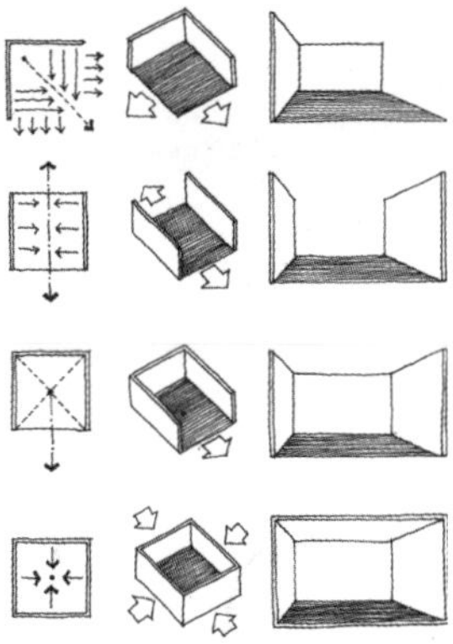

图2-3-44　垂直面要素限定空间

图2-3-45　美国通用公司厂区

图2-3-46　宁波天一广场一角

图2-3-47　韩国釜山设计中心

图2-3-48　意大利威尼斯圣马可广场

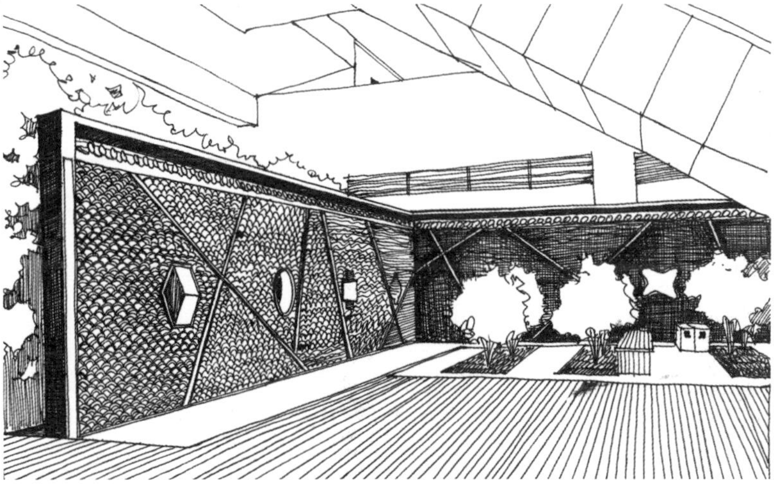

图2-3-49　北京奥林匹克公园

图2-3-50　美国金贝尔美术馆

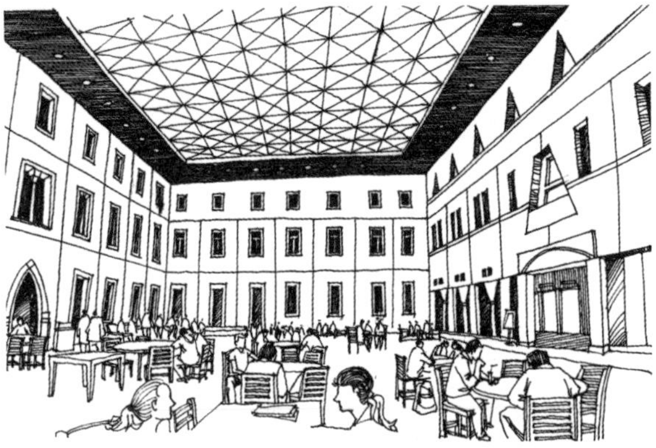

图2-3-51　某建筑中庭

图2-3-52　西班牙巴塞罗那博览会德国馆

图2-3-53　漏景

图2-3-54　框景

等高度不及顶的隔断和较高的家具等片段界面可进行局部分割。景观中常用植物和设施使空间不完全封闭，从而具有更好的开放性和流动性，亦能够取得丰富、多层次的视觉景观效果。景观中既可以用分隔进行全部遮挡，也可以进行部分遮挡，或者运用漏景、框景等手法增加空间趣味和层次（图2-3-53、图2-3-54）。

③象征性分隔：用片段和低矮的面，如罩、栏杆、花格、构架、玻璃等通透的或较为通透的隔断形式，以及家具、绿化、水体、光线、高差、悬垂物等设计手段来分割空间，仅进行象征的阻隔或限制。

④弹性分隔：利用折叠式、升降式、可移动的、可旋转的活动性隔断和帘幕、家具、陈设等临时性地分隔空间。

当然，垂直面要素的高度与人的高度和视平线角度等因素的不同给人造成的空间感受也不同。另外，垂直面的大小、色彩、质感、图案等因素也都会影响到人对空间的感知。

3．水平要素与垂直要素结合限定空间

水平要素与垂直要素结合限定空间的方式主要指运用底界面、顶界面和垂直界面来限定空间。因各个面的大小不同，可组合形成一般的、窄而高、细而长、低而大等不同的空间形式。总的来说，这些空间给人以较为稳定的空间感受，但各有个性。

（1）一般的空间：稳定性强，舒适感、认同感较强。常用于和日常生活较为贴近的居住、工作空间，例如旅馆、住宅、办公、教学等空间（图2-3-55）。

（2）窄而高的空间：竖直延伸给人以高耸向上之感，常用来激发兴奋、刺激、神圣、崇高、激昂的情绪，营造神圣、神秘、紧张的空间氛围。例如，教堂往往采用窄而高的空间形式来塑造精神空间，一些公共建筑的入口也采用窄而高的空间来塑造一种具有标志性的空间氛围（图2-3-56、

图2-3-57）。

（3）细而长的空间：纵深向延伸给人以深远之感，诱导人们怀着一种期待和寻求的情绪，适宜营造一种探索、神秘的氛围。引人入胜是这种空间的特点。典型的代表是延伸的走廊或廊道空间，或巷道深深的传统街区（图2-3-58~图2-3-60）。

（4）低而大的空间：在这里，低是相对大而言的，并非高度矮。横向延伸给人以广延、开阔和博大之感，例如火车站、机场、会展等空间。当高度与面积比过小时，也会使人感到压抑（图2-3-61）。

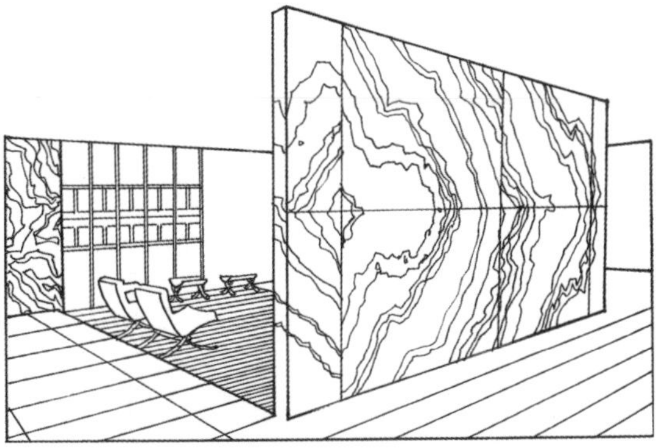

图2-3-55　西班牙巴塞罗那博览会德国馆室内

图2-3-56　意大利米兰大教堂1

图2-3-57　苏州科技文化艺术中心大剧院

图2-3-58　北京颐和园长廊

图2-3-59　苏州拙政园长廊

图2-3-60　扬州传统街巷

图2-3-61　某酒店大堂

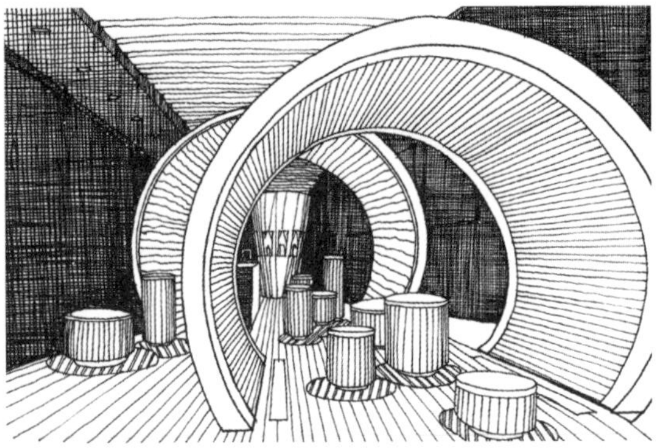

图2-3-62　室内顶界面和垂直界面的合并

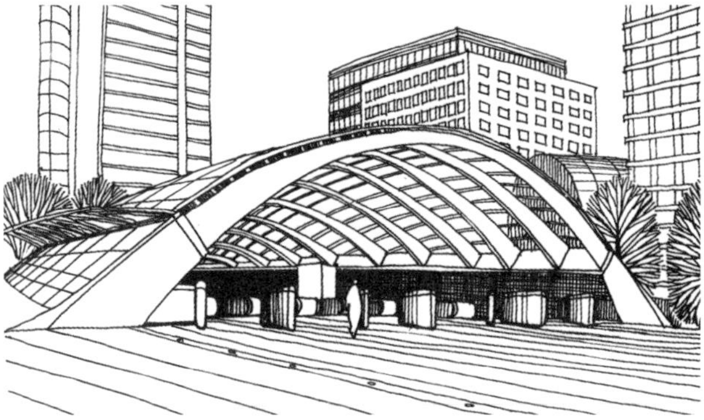

图2-3-63　某城市地铁站

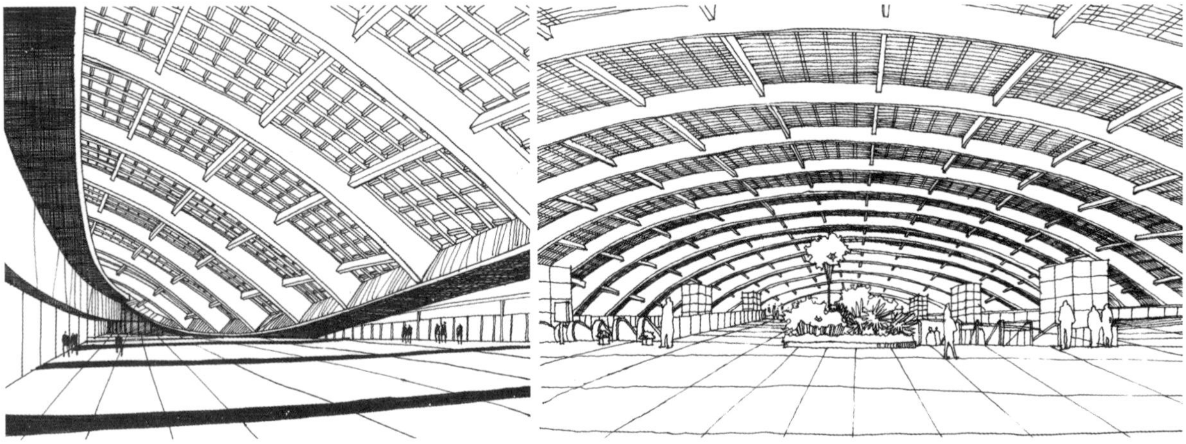

图2-3-64　北京首都国际机场3号航站楼

4. 水平要素与垂直要素合并限定空间

在进行空间设计的时候，常常因设计功能或效果的需求，顶界面、垂直界面和底界面之间合为一体，没有明确边界，较难分辨。例如，许多机场、体育场往往采用顶界面与垂直界面以曲面连续的形式，营造一种强烈的整体性和独特的视觉效果。也有底界面与垂直界面连续，甚至顶界面、垂直界面和底界面三者连为一体的形式，形成空间在视觉上的延伸性、整体性和连续性（图2-3-62～图2-3-65）。

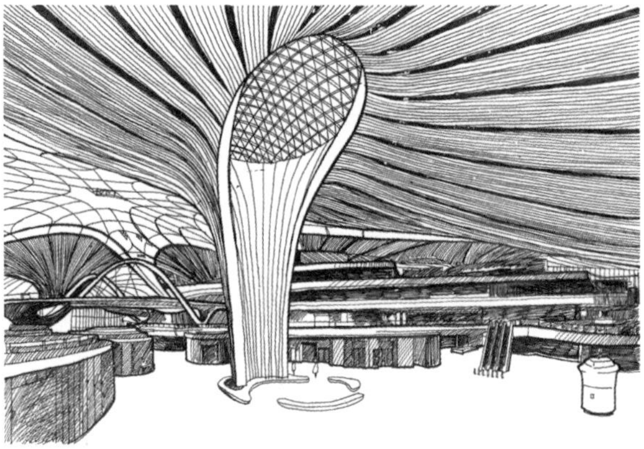

图2-3-65　北京大兴国际机场

四、单个空间的变化方式

前面讲过，所有空间形式都可以理解为柏拉图体量度变形的结果，或者是由于要素的减少或增强而产生的。

1. 量度的变化

量度具体包括长、宽、高的尺寸及它们之间的比例和尺度。量度的变化主要是通过改变一个或多个量度的方法来改变某一种单个空间形式。根据不同的量度变化方式和程度，形式可以保持它原来的本性，或者变化成为其他形式。例如，一个立方体，可以变化其高度、宽度或长度，使其变形为其他的棱柱形式。它可以被压缩成一个面的形式，或者无限拉伸，直至被拉成线的形式（图2-3-66）。一个球体可以通过沿某一轴线拉伸的方法，变成无数的卵圆体或椭圆球。一个棱锥体，可以通过改变其底边量度、改变顶点高度，或使垂直轴偏向一边的方法来进行变化。

当然，在具体的空间设计中，空间的量度应与空间的功能、性质相一致，并充分考虑人的感受。如住宅空间体量过大时，将会失去亲切、宁静、温馨的气氛。人与人之间的沟通由交谈变成了喊话，造成了情感上的疏远；如果住宅高度过高也容易让人产生不安定感，过低则会觉得局促、压抑。因此，以人为标尺，合适的大小才是空间设计追求的目标（图2-3-67）。另外，空间的量度有时还取决于精神的需求。如哥特式教堂或伊斯兰教建筑中高大的空间体量并不是出于功能需要，而是为了创造出宗教的精神力量，追求的是一种强烈的建筑艺术的感染力（图2-3-68）。

2. 削减的变化

削减的变化主要是通过削减某一空间部分体积的方法来进行变化。根据不同的削减程度，形式可以保持它原来的本性，或者变化为其他种类的形式。

出于视觉完形性的特点，人总是在有意无意间寻找形式的规则性和联系性。对于任何一个几何体空间，假如对其内部或者边角进行局部削减，依然可以保持视觉上原先形象的特性；假如对空间的边缘与转角进行大块而完整的削减，则会削弱原先的形象（图2-3-69）；当不断削减时，就可能成为其他形体。例如，一个长方体表面被削掉一部分，它仍然保持其长方体的本性，但被多次削减后，可能成为其他多面体；还可以慢慢被削成一个接近球体的多面体，视觉上就改变了原先的形象；如果在长方体内部掏空一块体积，那么视觉上它仍然保持长方体的特性。建筑中的庭院就可以看作是在建筑整体内部削减空间，屋顶退台则是对空间形体进行的整体削减（图2-3-70、图2-3-71）。

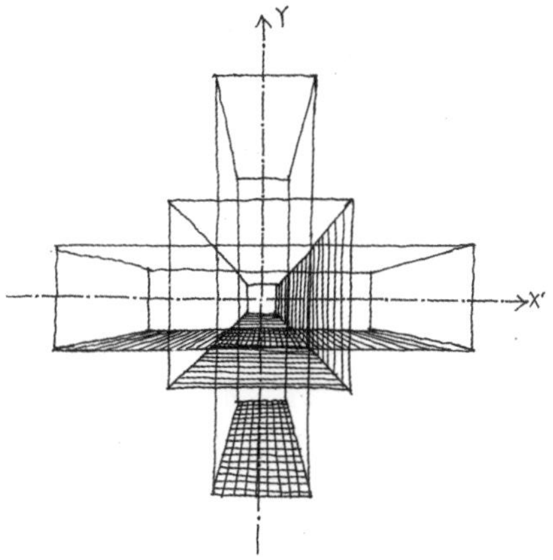

图2-3-66　不同量度的空间变化

图2-3-67　美国西雅图雷尼尔山社区图书馆

图2-3-68　德国科隆大教堂

图2-3-69　美国麻省理工学院学生宿舍楼

图2-3-70　北京香山饭店中庭

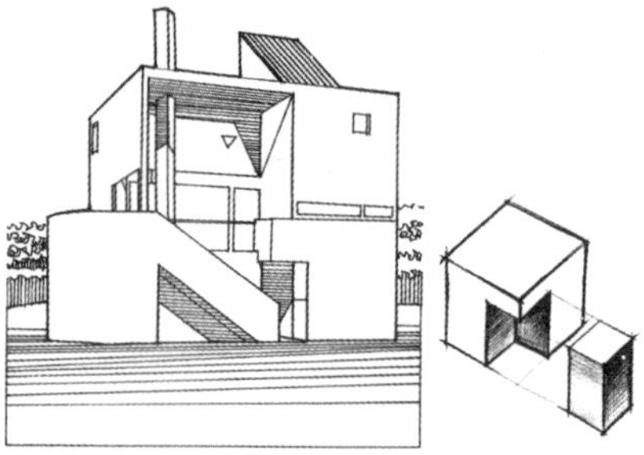

图2-3-71　美国纽约州格瓦斯梅住宅

思考与讨论

尝试绘制一个正方体空间，并对其进行不断削减，想一想削减哪些部位，以及削减多大体积，正方体的整体性就不复存在了？

3. 增加的变化

增加的变化主要是用增加空间要素的方式来变化，这个增加的过程，将确定保持还是变化它原本的形式。通常增加顶界面是空间设计中常用的手法。

单个空间的增加，还可以在其空间原形上按照需要添加其他空间，这些添加的部分仍属于这个空间，它们仍为一个整体。德国柏林帝国议会大厦更新设计中增加的玻璃穹顶和英国伦敦大英博物馆更新设计中玻璃中庭都成为了空间增加的经典案例（图2-3-72、图2-3-73）。

图2-3-72　德国柏林国会大厦玻璃穹顶

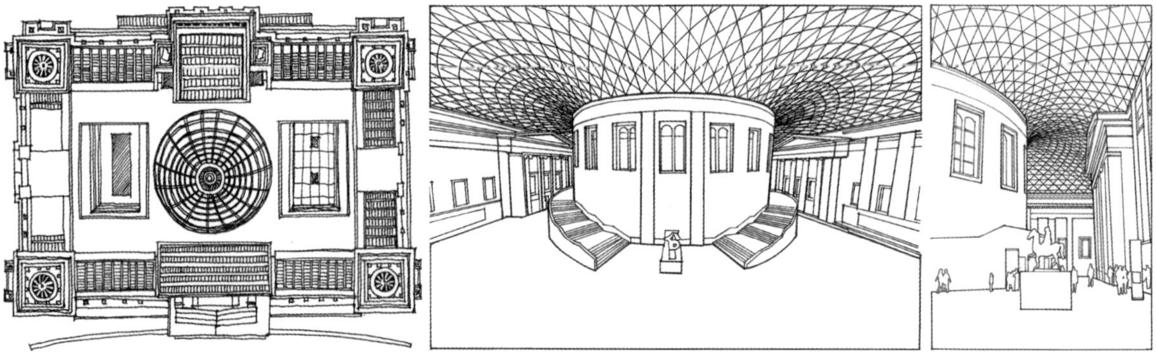

图2-3-73　英国伦敦大英博物馆玻璃中庭

第四节　空间之间的关系

在现实生活环境中，除了独立存在的单一空间之外，更多的空间总是与它周围的空间发生着各种各样的关系。一般来说，空间之间的基本关系主要有包容、穿插、邻接、连接和分离的关系。

一、包容关系

空间之间的包容关系是指两个空间中有一个空间包含着另一个空间（图2-4-1）。呈现出包含关系的两个空间在体量上必须有较为明显的差别。大空间可以看作是小空间的背景，可称“母空间”，小空间可视为大空间中的一个点或一部分，可称“子空间”。包含关系中的大空间与小空间可以各自独立，也可以彼此连续贯通，两者相互依存，两个空间较容易产生视觉和空间上的连续性（图2-4-2～图2-4-6）。包容关系是环境设计中常用的手法，这种方法能够使空间层次更为丰富，子空间往往具有不同于母空间的功能，且具有一定程度上的独立性和私密性。

二、穿插关系

空间之间的穿插关系是指两个空间有部分叠加或相交。当几何形式不同或方位不同的两个空间形式，彼此的边界互相碰撞和相互贯穿的时候，每个

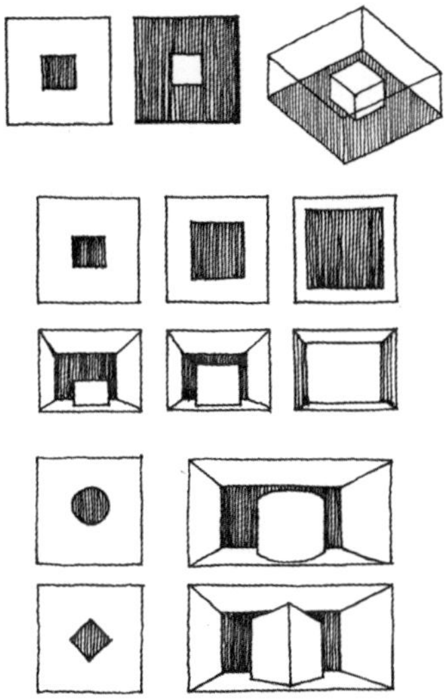

图2-4-1　空间的包容关系

图2-4-2　意大利罗马千禧教堂

图2-4-3　2010年上海世博会意大利馆

图2-4-4　某建筑内部空间

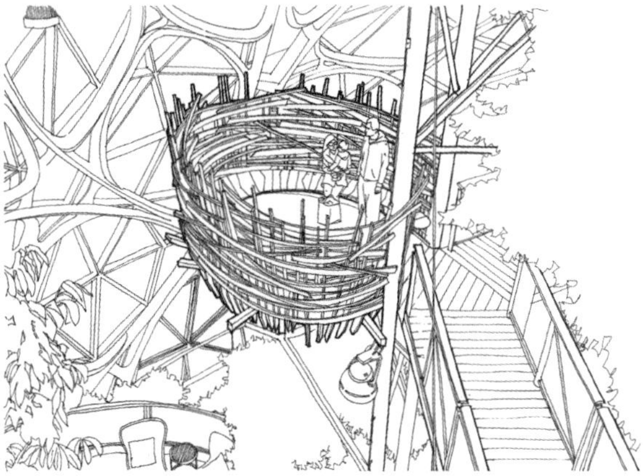

图2-4-5　美国西雅图亚马逊球内部

图2-4-6　阿塞拜疆巴库比纳机场

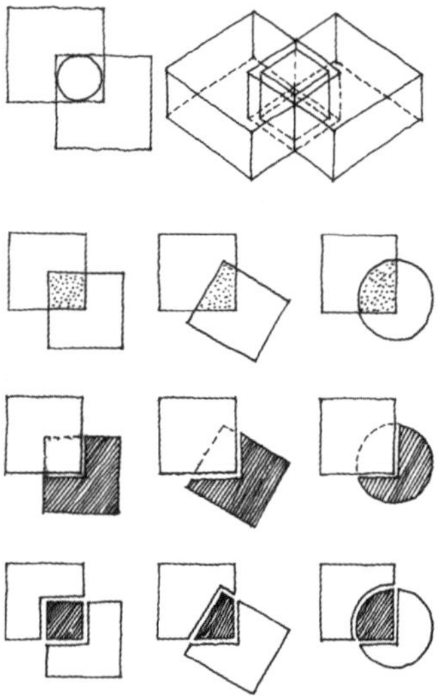

图2-4-7　空间的穿插关系

形体将争夺视觉上的优势和主导地位（图2-4-7）。

两个空间之间的穿插关系具有叠加或相交两种状态。其中叠加是指当两个空间穿插的部分较大，以至于分辨不出原来各自的空间特征，这时两种空间形式可能失去它们各自的本性，而合并到一起创造出一种新的空间构图形式（图2-4-8）。而相交是指两个空间的一部分通过重叠形成公共的部分，但两个空间又保持各自的界限和自身的完整性（图2-4-9）。

在这里，空间之间的衔接成为处理好两个互相穿插的空间的关键，不能过于生硬，可以通过轮廓、方位、颜色、材质等处理方式来解决两者衔接的问题。对于穿插部分的空间可视作两者共同拥有的空间来考虑。在具体设计处理时，既可以将其作为两者间的一个过渡空间，又可以重点处理为共享空间，而两个空间仍保持各自的形状；也可以把公共空间部分视为其中一个空间所有，这个空间成为主体空间，另外一个空间因缺少一块形体，即视为前述主体空间的附属空间；还可以把穿插的公共空间视作一个独立的空间，主要起到联系两个空间的作用。

三、邻接关系

空间之间的邻接关系是指两个及以上空间相邻接触。这种空间关系允许各个空间根据各自功能或者象征意图的需要，清晰地加以划定各自空间的

图2-4-8　法国里尔某大学餐厅

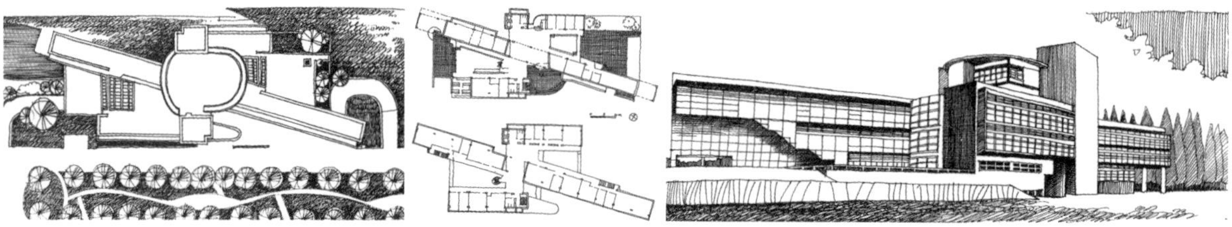

图2-4-9　位于荷兰海牙的荷兰比利时卢森堡三国联盟专利办公室

范围。相邻空间之间关系的建立可借助分隔面的帮助。这个分隔面可以是横向、纵向或斜向的。

分隔面的不同形式，使得具有邻接关系的空间氛围各不相同。有些显得整体空间层次丰富；有些使空间之间渗透性良好（图2-4-10）。

若以实体为主的面进行分隔，通过控制分隔面上孔洞的大小，可以使两个空间在视觉和空间上具有一定的连续性，呈邻接的状态，且各自空间具有较好的独立性。若以垂直线要素来进行分隔，可以使两个邻接的空间在视觉和空间上具有更大程度的连续性。当然，两个空间之间的通透程度与垂直线要素的形态、数量、位置有着密切的关系。再若两个空间的邻接不一定是存在分隔的实体面，亦可以通过两个空间之间的高程或空间界面表面处理的变化来暗示两个空间的邻接关系（图2-4-11～图2-4-13）。

四、连接关系

空间之间的连接关系是指通过一个过渡空间分别与两个分离的空间发生的一种穿插或并列的关系。通常两个空间相隔有一定距离，过渡空间将两者连接，其形式和大小可以表示它的地位。而这个过渡空间的特征通常有着决定性的意义（图2-4-14）。

空间的连接关系表现为以下状态：若过渡空间以及它所联系的两个空间的形状和尺寸完全一样时，会形成一种线型空间序列；若过渡空间在形式、尺寸上与需连接的两个空间不同时，它在强调自身的同时仅起到联系作用；若过渡空间的大小远超过它所联系的两个空间时，它就成为主导空间；若过渡空间的大小远小于它所联系的两个空间时，则突出了被连接的两个空间的地位与作用（图2-4-15～

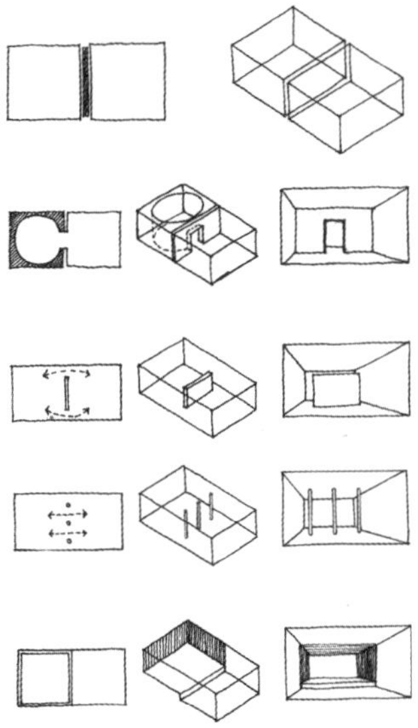

图2-4-10　空间的相邻关系

图2-4-11　美国菲利普斯埃克塞特学校图书馆

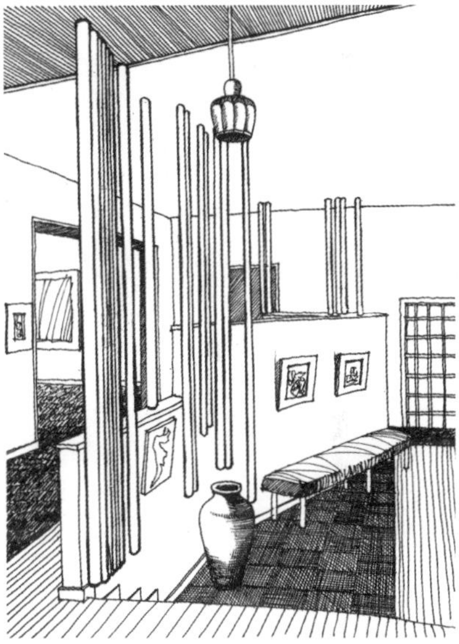

图2-4-12　芬兰努玛库玛丽亚别墅

图2-4-13　某茶室室内

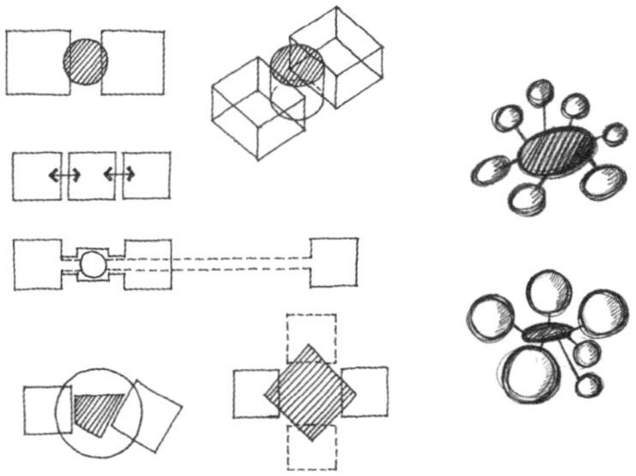

图2-4-14　空间的连接关系

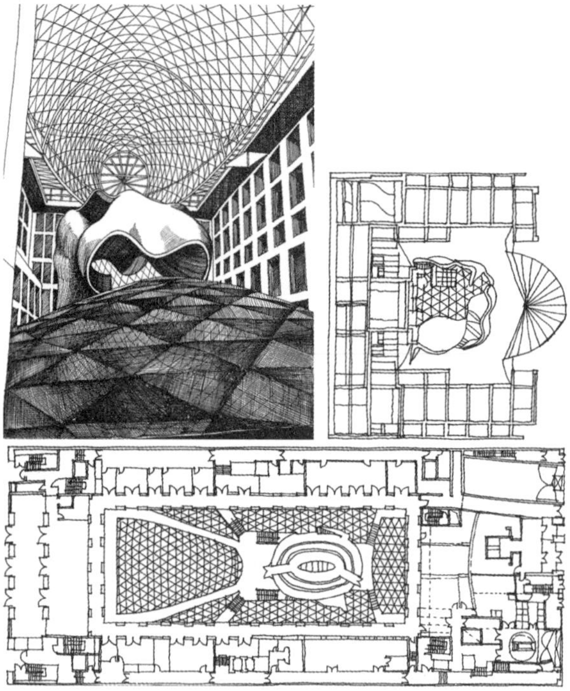

图2-4-15　德国柏林DG银行

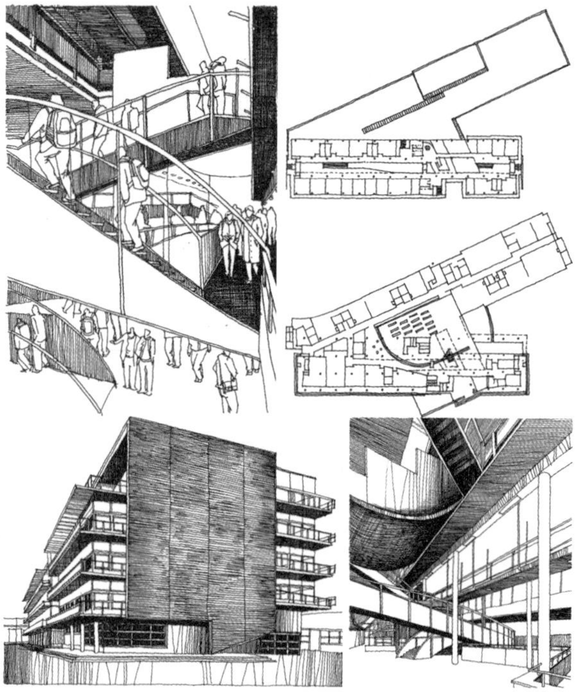

图2-4-16　荷兰阿姆斯特丹蒙特苏里大学

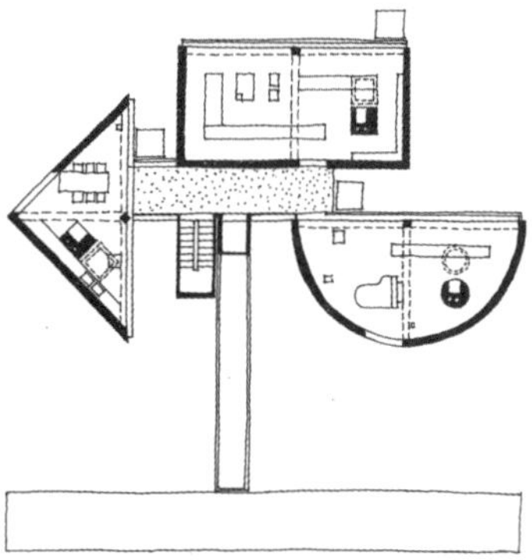

图2-4-17　半室住宅

图2-4-18　陕西岭子底便民桥

图2-4-17）。

通过多样的形式变化，连接空间还往往能具有突破其形式本身连接功能的意义。桥作为最简单也最典型的连接空间，不仅起到对不同位置和不同高程空间的交通性连接作用，还可以具有更多的内涵。例如，中国陕西岭子底便民桥，利用单环路衔接河堤高差，桥在起到人行通道作用的同时还承载了钓鱼、洗涤的功能，也是居民休憩和社交汇点（图2-4-18）。再如，英国曼彻斯特欧韦尔河步行桥方案采用折叠状设计来抵消欧韦尔河岸两侧4米的高差，在连接和通行的同时也承载了更多的社会生活功能（图2-4-19）；深圳龙岗区的景观天桥成为周边市民活动休闲的重要场所（图2-4-20）。

五、分离关系

空间之间的分离关系是指两个空间呈一定角度且相互独立，彼此分离或相背离。两个空间之间看似没有直接的联系和关系，却正是因为两者的分离和空间形式上的相对而表现出一种冲突和紧张的状态，呈现一种对峙的局面。

这种空间处理手法多用在一些纪念性的、特殊用途的建筑设计中，用来表达情感和观念上的分歧或是某种特殊的含义（图2-4-21）。

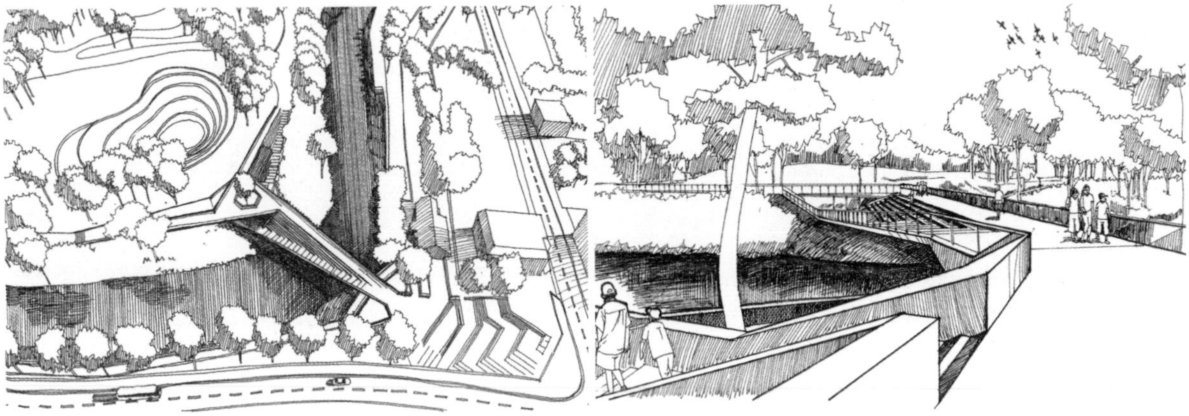

图2-4-19　英国曼彻斯特欧韦尔河步行桥方案

图2-4-20　深圳龙岗区天桥

图2-4-21　美国钻石牧场高等学校

第五节　多个空间的组合方式

现实生活中人们使用的并经过设计组织的空间，往往不是孤立的单一空间，而是一种基于使用情况的复杂而丰富的空间组合方式。因此，探究多个空间的组合方式对空间设计的意义就显得尤为重要。

总的来说，空间的组合方式是根据不同的功能、体量大小、空间等级的区分、交通路线组织、采光通风及景观的视野等设计要求，以及根据所处的场地的外部条件而决定。在不同要求下，空间的组合方式也必然多种多样。空间的组合方式既取决于空间的性质，同时，它也对空间性质起到重要的影响。

多个空间的组合方式，从形态生成的角度来观察，可以归为以下六类：集中式、线式、辐射式、组团式、网格式和流动式。

一、集中式

集中式组合是由一定数量的次要空间和一个占据主导地位的中心空间所构成的空间组合方式，具有稳定的向心式构图（图2-5-1）。

在这种空间组合形式中，中心空间在尺度与体量上要足够的大，在空间构图上起到完全的主导地位，其周围的次要空间既可以在功能、尺寸上完全相同，形成规则的、对称的总体造型；也可以互不相同，以适应各自的功能和重要性，并满足与周围

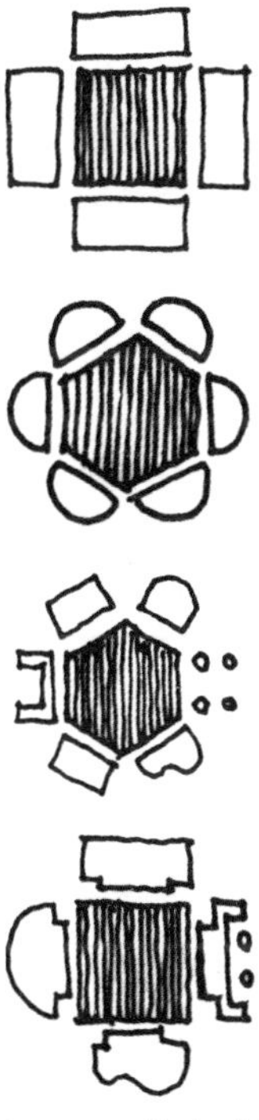

图2-5-1　集中式组合方式

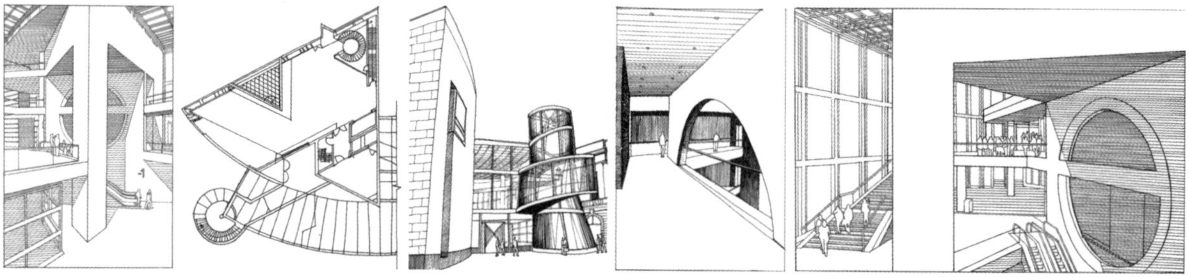

图2-5-2　德国柏林德国历史博物馆

图2-5-3　美国马萨诸塞州库珀住宅

环境结合的需求，形成不规则的、均衡的总体造型（图2-5-2、图2-5-3）。

二、线式

线式组合是由若干个体量、性质、功能等相近或相同的空间单元，统一组成重复空间的线式序列的一种空间组合方式。其中的空间单元既可以在内部相互沟通，也可以采用单独的线式空间来联系（图2-5-4）。

线式的空间组合方式具有运动、延伸、增长感等强烈的方向性和引导性特征。组合形式常常因环境和场地的变化而发生线式的变化，既可以是直线形，又可以是折线形、曲线形或圆环形等各种形态。另外，线式的空间组合方式可以在水平方向呈线形的延展，也可以在垂直方向或沿地形方向延展。根据线式空间的特性，还可以将主导空间放置在线的终端或设计特别的入口来控制一定的延伸感。

一般来说，直线形的空间组合会将大的环境分隔

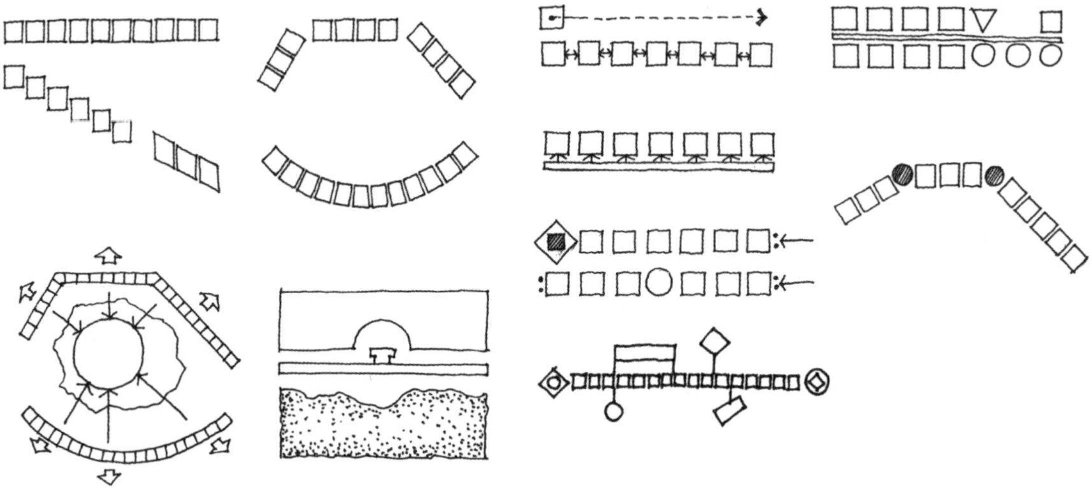

图2-5-4　线式组合方式图示

为性质相似的两个部分；曲线形和折线形的组合会在两侧产生或对称或均衡的外部空间形式，形成一个向内的空间和另一个向外的空间；圆环形的线式空间组合则产生一个集中向心的收敛空间，又可看作是以院落为中心的集中式组合（图2-5-5～图2-5-7）。

思考与讨论

街道形态可以看作是线形空间，那么如何理解街区的线式组合方式呢？

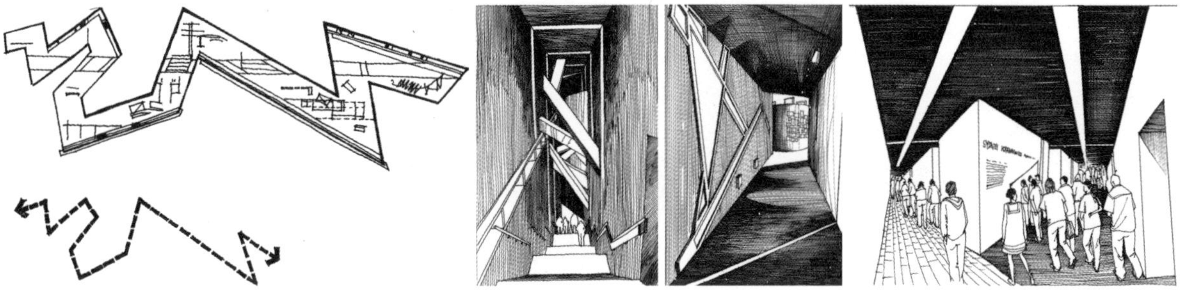

图2-5-5　德国柏林犹太人博物馆

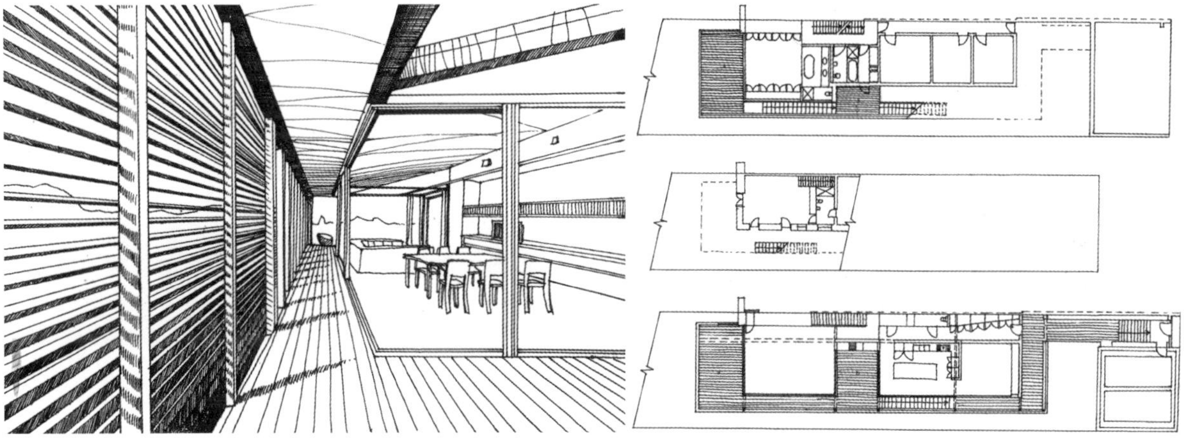

图2-5-6　澳大利亚悉尼半独立式住宅

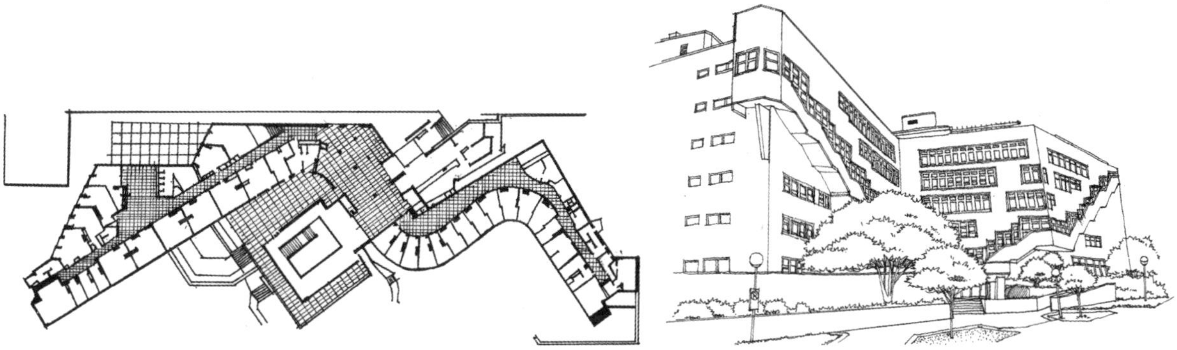

图2-5-7　美国麻省理工学院学生宿舍贝克大楼

三、辐射式

辐射式组合是一种由一个主导的中央空间和一系列向外辐射扩展的线式组合空间所构成的空间组合方式。它兼具了集中式组合和线式组合的特点，具有良好的发散性和延展性，同时又不失中心空间的集中性（图2-5-8）。

辐射式的空间组合，其核心也是一个具有象征性或功能性，并在视觉上占主导地位的中心空间，从某种意义上说，该中心空间有集中式的特点，而其辐射出的各个部分，一般具有线式空间的特征，它们既可以是功能、大小、形状等相同或相似的空间，也可以是各不相同的空间（图2-5-9～图2-5-11）。

辐射式组合与集中式组合都有一个中心空间。不同之处在于，辐射式的中心空间体量不一定很大，重在向外辐射的空间；而集中式的中心空间则需要较为明确的体量作为空间主题。

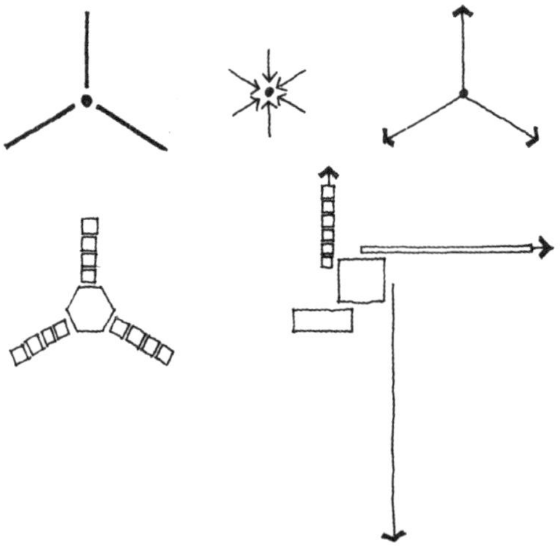

图2-5-8　辐射式组合方式图示

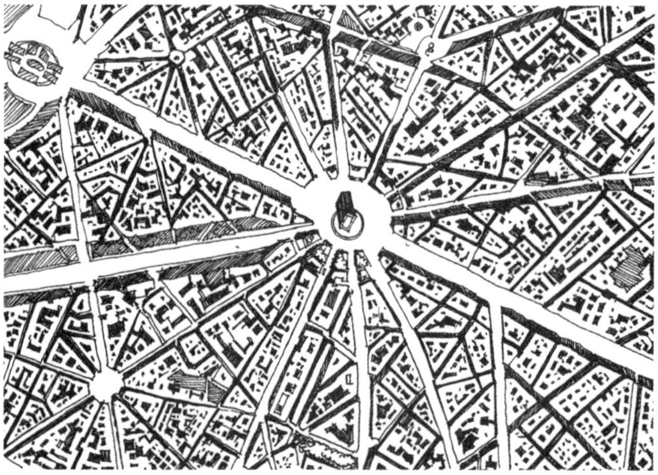

图2-5-9　法国巴黎的辐射式布局

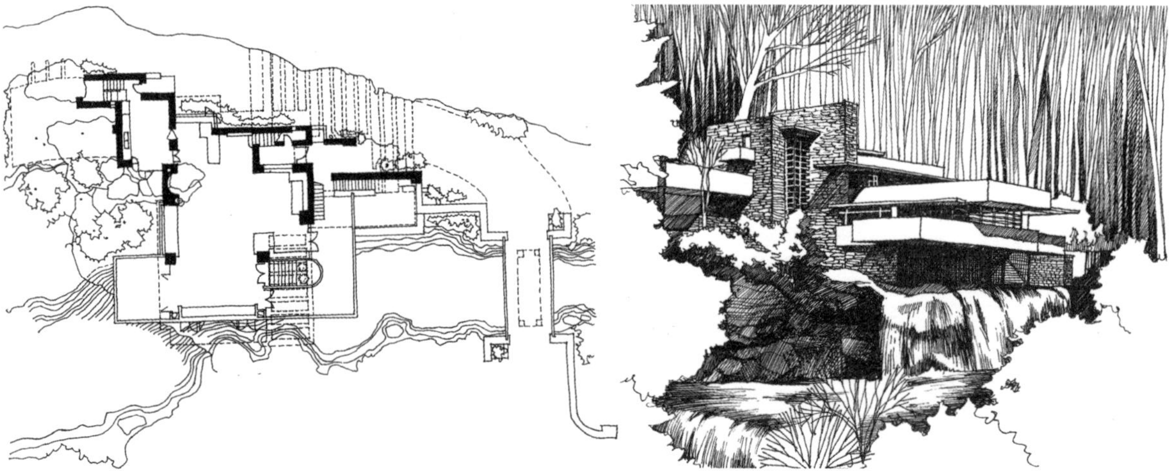

图2-5-10　美国宾夕法尼亚州流水别墅

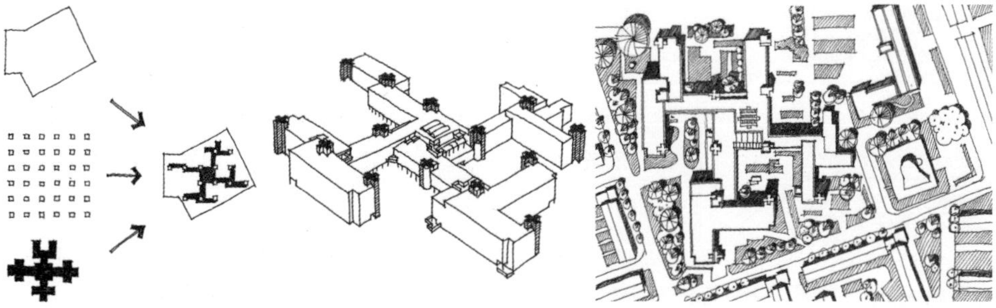

图2-5-11　荷兰阿姆斯特丹“老年人之家”

四、组团式

组团式组合是一种各个空间单元之间互相紧密连接，没有明显的主从关系的空间组合方式，也称为群集式。

组团式的空间组合拥有足够的灵活性和自由度，可以比较灵活地增加、减少或变换其中某些单元空间而不影响其整体特点。通常可通过一些视觉上的手段（如对称、均衡等）共同构成一个大的空间组团，并在有序的整体环境中保持着单元空间适度的多样性（图2-5-12）。

组团式的空间组合可以由彼此接近且具有相似的视觉属性的形体组合而成，这些形体在视觉上排成一个相互连贯、无等级的组合；也可以由彼此视觉属性不相同的形体组成，这时应注意彼此之间的相互关系，避免空间秩序凌乱（图2-5-13、图2-5-14）。

思考与讨论

组团式空间组合方式在建筑群体中常用，不同组合单体之间应如何做到多样性和统一性的协调？

图2-5-12　组团式组合方式图式

图2-5-13　加拿大蒙特利尔集合住宅

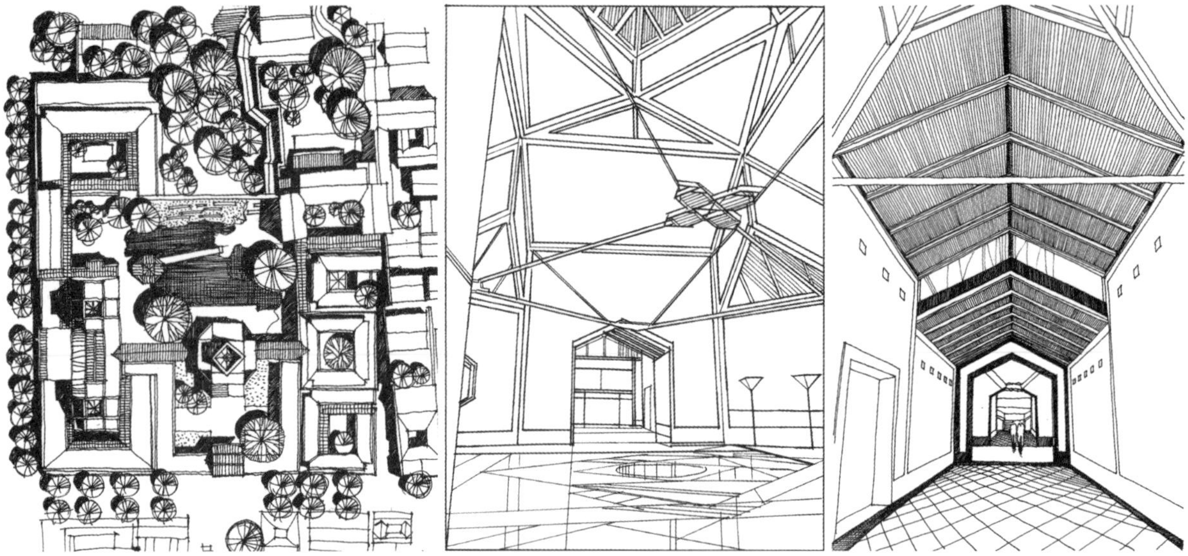

图2-5-14　苏州博物馆

五、网格式

网格式组合是一种通过三维网格来确定所有空间的关系和位置的空间组合方式。这种空间组合方式具有极强的规则性。网格可以是正方形、三角形、六边形或其他形状，局部网格也可以发生变化（图2-5-15）。

网格空间单元系列具有理性的秩序感和内在的联系，视觉上网格的存在有助于产生整体的统一感和节奏感。在合适的情况下，这些网格具有可生长、可复制的可能性。在一栋建筑中，空间网格关系除了以组合的方式出现，也可以是通过框架结构体系的梁柱来建立的。对它进行增加或削减，依然能够保持空间的统一性（图2-5-16～图2-5-19）。

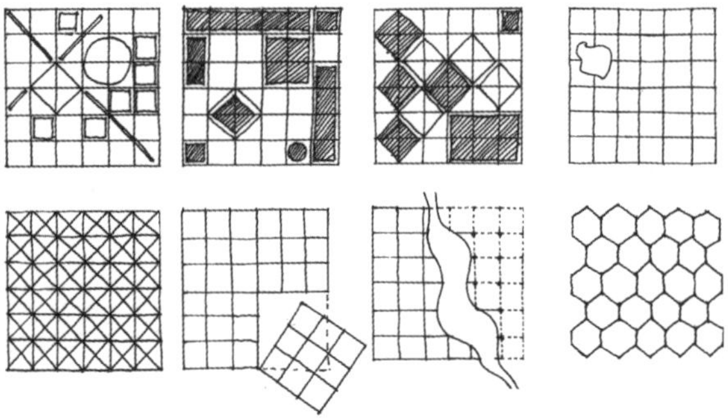

图2-5-15　网格式组合方式图式

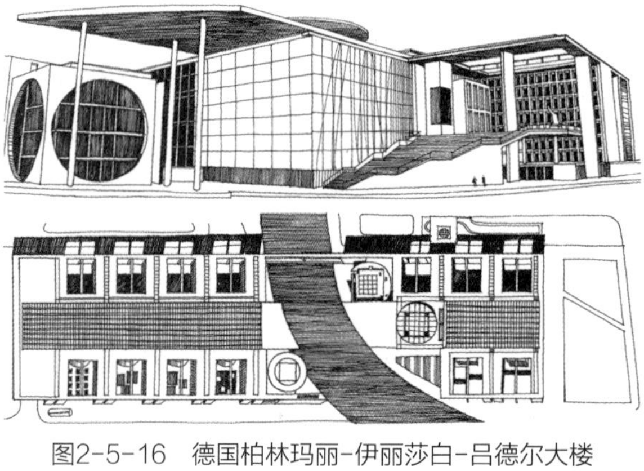

图2-5-16　德国柏林玛丽-伊丽莎白-吕德尔大楼

图2-5-17　荷兰阿培顿比希尔中心办公大楼

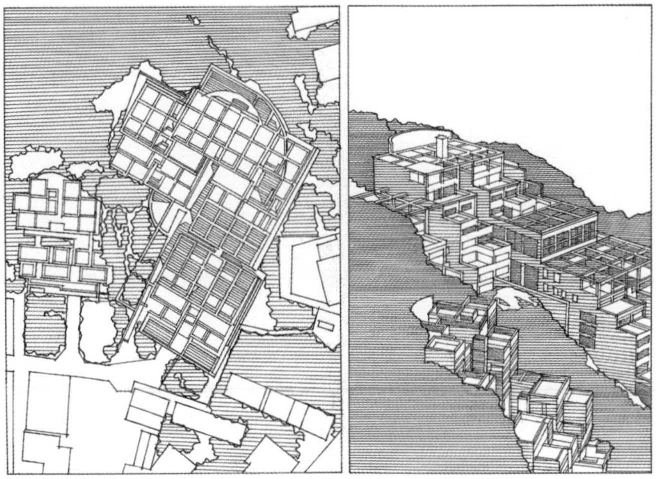

图2-5-18　日本六甲山集合住宅

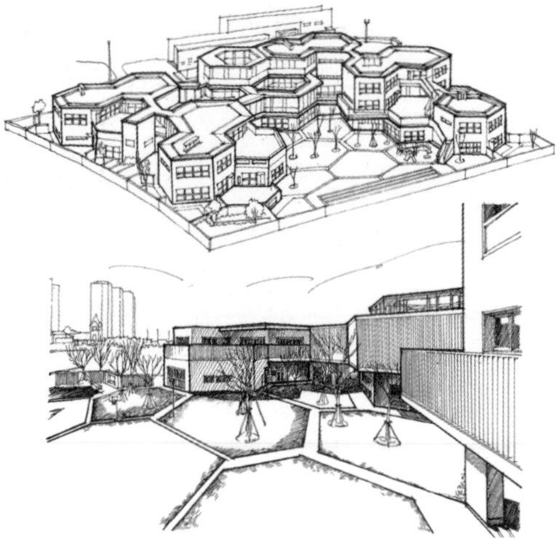

图2-5-19　上海华东师范大学附属双语幼儿园

六、流动式

流动式组合方式通过灵活的划分来分隔和组织空间，众多空间重叠、共享、穿插，使得室内各部分之间、室内外之间的空间连绵不断的相互贯穿，既分隔又联系。在这种空间组合中，空间交接部分界限模糊不清，各空间之间既分又合，以达到视觉上的丰富变化和功能上的模糊性和多义性（图2-5-20）。

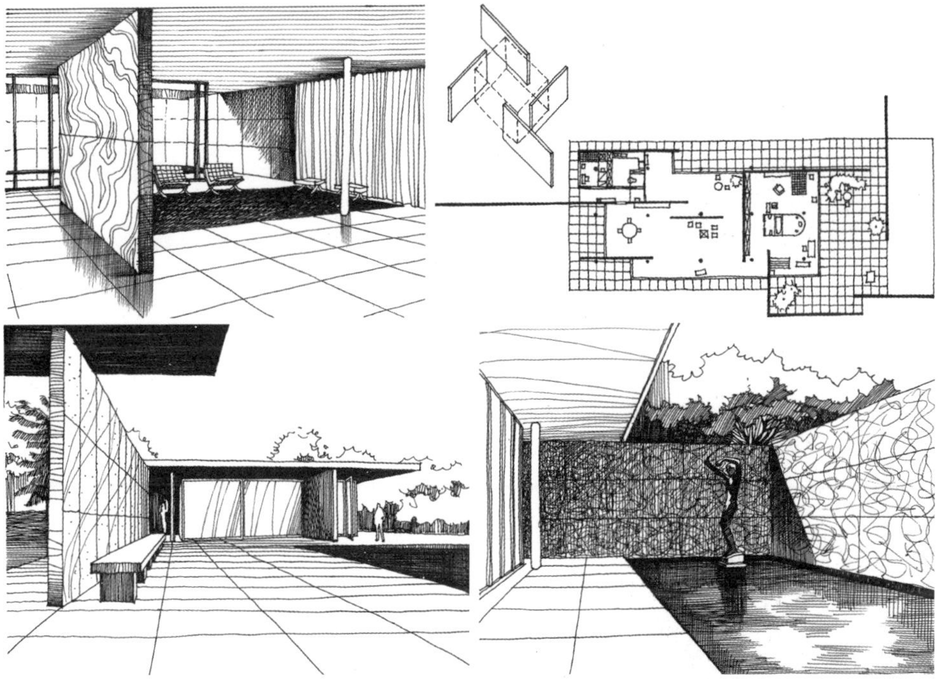

图2-5-20　西班牙巴塞罗那博览会德国馆

第三章
创造空间

思考与讨论

如果用若干等大的长方形积木块创造空间，你会如何搭建？

第一节　空间的形态

一、空间形态的构成

形态，指形式或状态。空间形态是空间构建中集功能属性、物理属性和社会属性于一体的综合性物质外在表现。在一定意义上，形态是空间主要的可辨认特征，是一种表面和轮廓的特定造型，一种空间的表达形式和状态。

这种空间形式和状态的识别，有赖于人的感官。我们在创造空间时，必须能够主动发挥人对空间形态感受的能动性和对空间形态设计的创造力。这种感受和创造的基础，又是依托于构成空间的物质性要素的。这些物质性要素主要包括空间的形状、量度、开合程度、色彩、材质、光线等。换言之，上述构成空间的物质性要素均为影响人的空间感觉的重要因素（图3-1-1～图3-1-4）。

图3-1-1　西班牙巴塞罗那米拉公寓

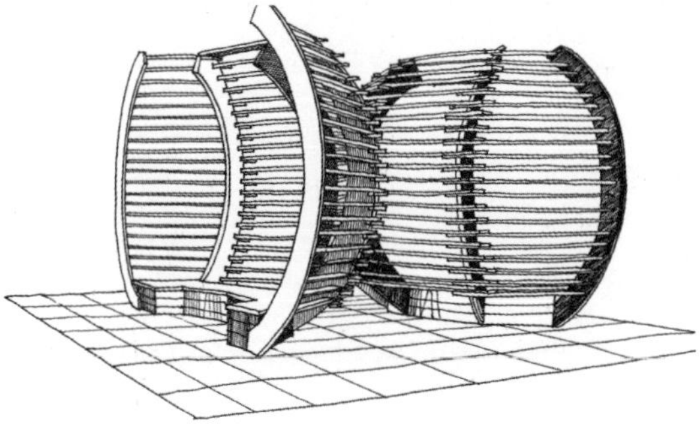

图3-1-2　上海某景观构筑物

图3-1-3　某居住空间

图3-1-4　苏州拙政园小飞虹景观

图3-1-5　法国尼姆卡尔方形艺术馆

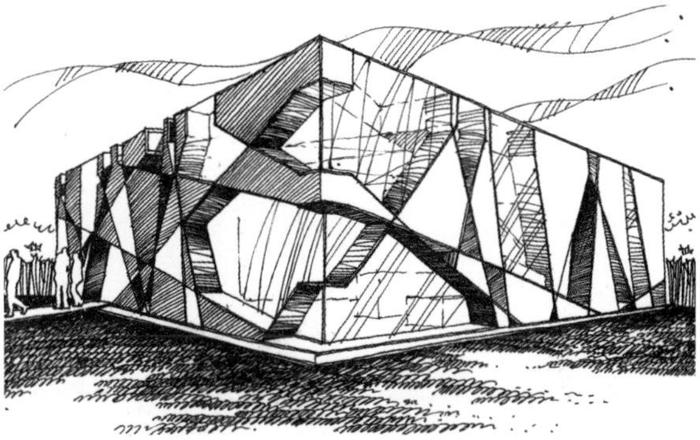

图3-1-6　英国伦敦蛇形画廊

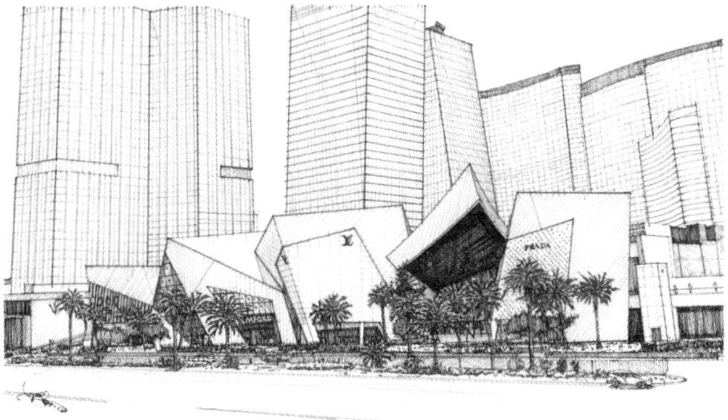

图3-1-7　美国拉斯维加斯商业建筑

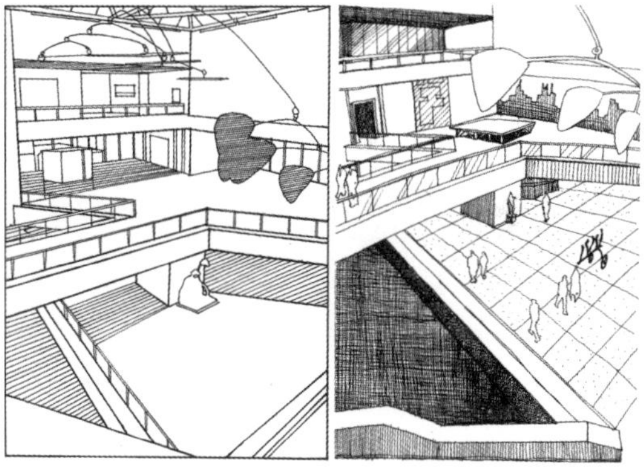

图3-1-8　美国华盛顿国家美术馆东馆

二、空间形态对空间感觉的影响

以下从形状、量度、开合程度三个主要方面讲解空间形态对空间感觉的影响。其中关于功能、色彩、材质、光线与空间的关系，将在后面单列讨论。

1. 形状对空间感觉的影响

形状对空间感觉的影响往往是十分直观而重要的。形状能够反映对象的特征，是人识别对象的主要途径。

常见的空间形状是矩形。矩形空间也是最为实用的空间，它给人的是一种稳定的感觉。当然，不同形状的矩形空间给人的感受也有很大差异（图3-1-5、图3-1-6）。三角形空间使人感到新奇、有趣，若其顶角为锐角，该锐角空间则呈现出新奇又刺激的空间氛围（图3-1-7、图3-1-8）。圆形空间也使人感到新奇，它的所有界面能形成连续的

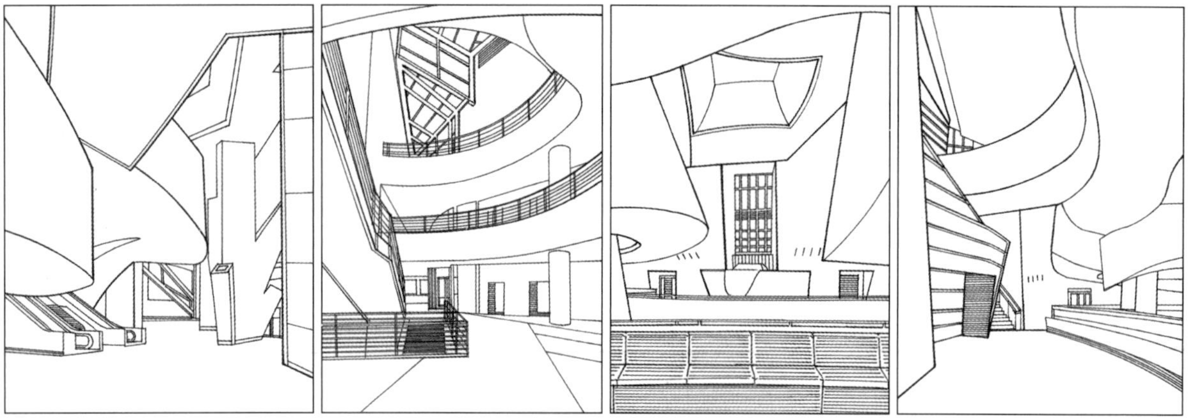

图3-1-9　美国洛杉矶迪士尼音乐厅

图3-1-10　意大利罗马21世纪博物馆

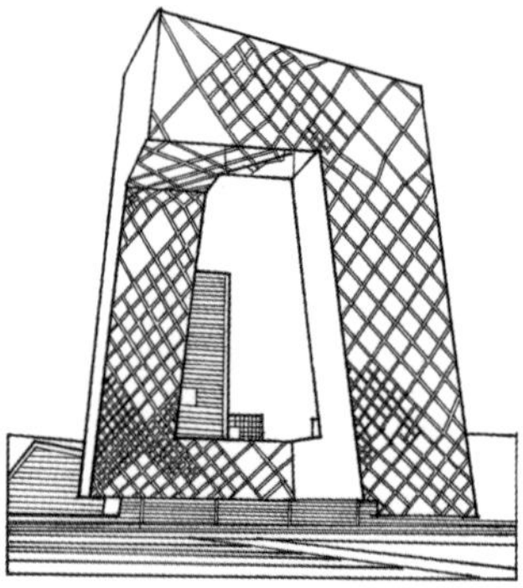

图3-1-11　北京中央电视台总部大楼

图3-1-12　三河市天子大酒店

整体，产生一种内聚的感受。弧形或曲线环状的空间给人一种明显的导向感（图3-1-9、图3-1-10）等。除此之外，各种异形空间、不稳定空间因其形象的不同，也给人以不同的感受（图3-1-11）。

经历了现代建筑时期的充分发展，单纯的几何体组合而成的空间似乎已经带来了审美疲劳。人们对空间形状和造型的追求与探索也越来越多样化了，有时亦有些过分追求标新立异，博取眼球，似乎走入了仅追求空间形式的误区，离空间的本原越来越远（图3-1-12、图3-1-13）。

图3-1-13　南昌万达茂商业中心

思考与讨论

设计异形空间时，必须注意与周围环境的关系，请试着分析一下应处理哪些关系，以使得异形空间与城市环境相融合？

2. 量度对空间感觉的影响

空间的量度包括空间的体量、比例、尺度等内容。

其中，空间的体量与空间的自身功能、周边环境和空间的情感需求等内容相关。很多时候，为了追求宏伟或威严的空间气势，一些重要的公共建筑会采用大体量的空间形式。

空间的比例主要是在空间的可见结构要素中建立起的一种秩序感。空间的比例通过对空间长、宽的控制来实现，前面在水平要素与垂直要素结合限定空间的部分已经分析过，窄而高、细而长、低而大的空间会给人完全不同的感受。

空间尺度则是指站在人的视角去感受一个空间的大小，是一种环境与人之间的关系，是人们对真实尺寸的感知。在空间感受的意义上，空间尺度远比具体的尺寸更有价值。空间尺度也可以分为整体尺度和人体尺度。整体尺度指空间与周围其他物质形式要素的尺寸关系，人体尺度指空间与人体尺寸有关的要素或空间的尺寸关系。

实际使用的空间中，有一些与人体密切相关的尺寸，比如踏步、坐凳的高度等是恒定不变的，这些将有助于人们获得正确的空间尺度感觉（图3-1-14~图3-1-16）。

3. 开合程度对空间感觉的影响

空间的使用功能、性质和结构形式等决定了空间的开合程度。而在很大程度上，开合程度的关键取决于围合空间的界面的形态及界面的围合程度、边角的封闭状态及启闭的控制能力。具体来说，界面的体量、形式、虚实等影响了限定空间的开放程度，空间限定性越弱，则空间流动性越强。

空间的开合程度可分为开放、封闭和半开放（或半封闭）三种形态。一般而言，开放的形态称之为开敞空间，这种空间给人以开敞、通透、明快、轻松、活泼、流动、渗透等感受，通常较少分隔或分隔和组成形式较为灵活，具有公共性和社会性（图3-1-17、图3-1-18），但过度开敞则会使人觉得冷漠无情、不宜亲近。封闭的形态称之为封闭空间，是用限定性的实体所包围起来的相对独立的空间，这种空间具有内向性、安全性和保护性，使空间更加私

图3-1-14　人与踏步的固定尺度

图3-1-15　人与座高的固定尺度

图3-1-16　人与栏杆的固定尺度

图3-1-17　意大利罗马卡比多广场

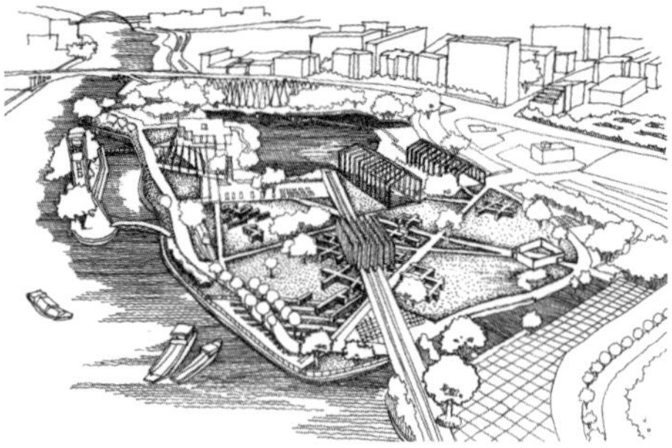

图3-1-18　中山岐江公园

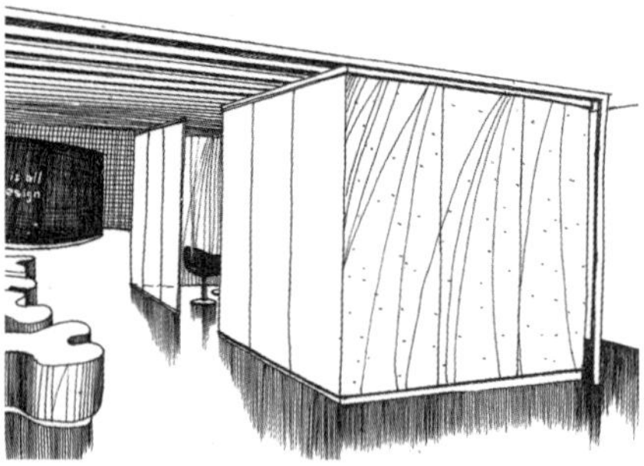

图3-1-19　韩国釜山设计中心

图3-1-20　上海延中绿地

图3-1-21　某酒吧凹室空间

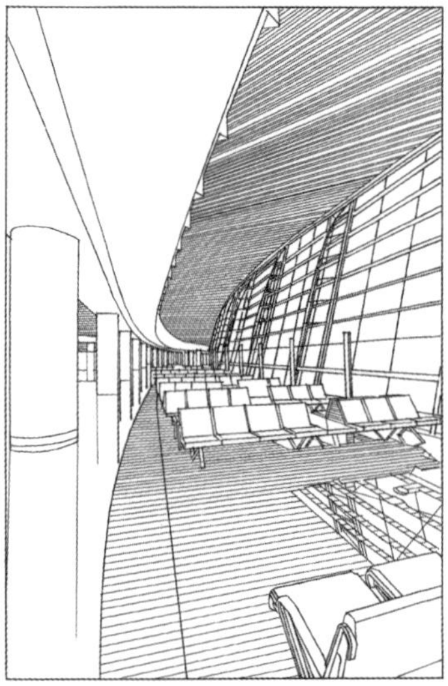

图3-1-22　北京首都国际机场3号航站楼

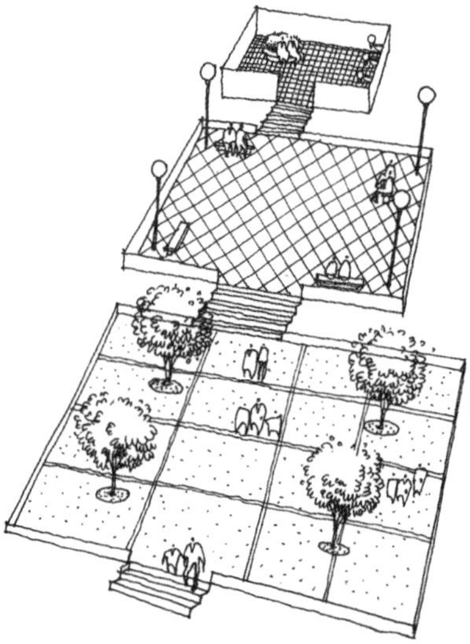

图3-1-23　空间的开合变化

密，给人安全、稳定的感受，甚至神秘之感，通常具有明确的空间位置和尺度范围（图3-1-19）。介于两种空间形态之间的可成为半开放空间，它们的形态使空间性质显得模糊不清、模棱两可，具有弹性和多义性、内向性与外向性，可适应多种功能的需求（图3-1-20、图3-1-21）。

在具体的空间设计中，往往使用空间开合控制的方法来增加空间的层次性，如为打破封闭的沉闷感，经常采用落地玻璃窗、镜面等手段来扩大空间感和增加空间的层次（图3-1-22），或在开放的空间中营建相对私密的空间和子母空间。

不同的空间开合程度保证了空间组织的丰富性与多样性。在一系列连续的空间中，空间的开合变化赋予空间一定的秩序，给空间的节奏带来变化，使空间丰富多变，人的体验和情感也随之变化（图3-1-23）。

第二节　空间的序列

空间创造是一种主动的、有计划和目标的人类创造行为。在这个过程中，如何创造有秩序感的空间是非常重要的。所谓秩序，就是规律、数理、条理或节奏，是自然界事物发生、发展、变化等运动过程中体现出的一种有序化关系。对于空间秩序，人们的视觉无法直观看到，但随着游览空间的时间变化，人通过视觉和心理去感受、分辨或把握，就能获得某种空间的秩序感。

一、空间的序列与秩序感

空间的设计与组织不仅要满足功能的需求，还要考虑人们在空间中行进时的心理感受。整体空间的组织需要一个序列安排，即把空间排列和时间先后这两个因素有机地统一起来，使人在特定的行进路线中感受到空间的变化和节奏感，从而留下完整、深刻的印象。

空间序列有助于营造秩序感，是创造空间的关键。空间的秩序感不是二维的画面，而是三维空间在时间维度上的延展，因此需要人在连续运动和行进的过程中逐一地体会，从而形成空间的整体印象。空间的变化也是始终保持着这种连续性的（图3-2-1~图3-2-4）。

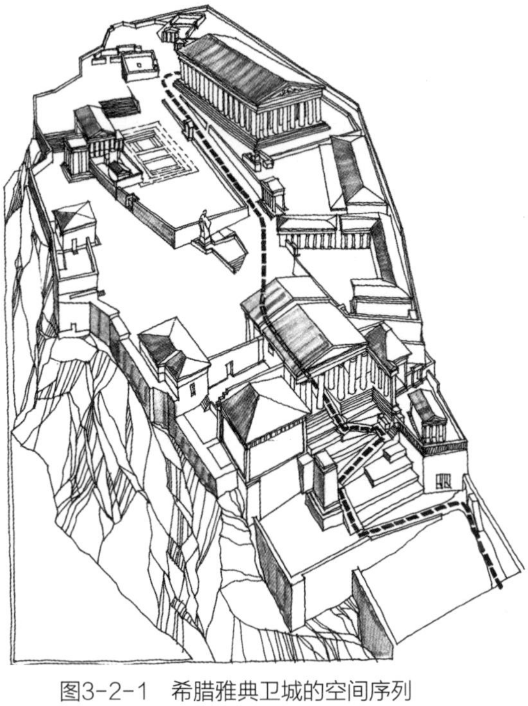

图3-2-1　希腊雅典卫城的空间序列

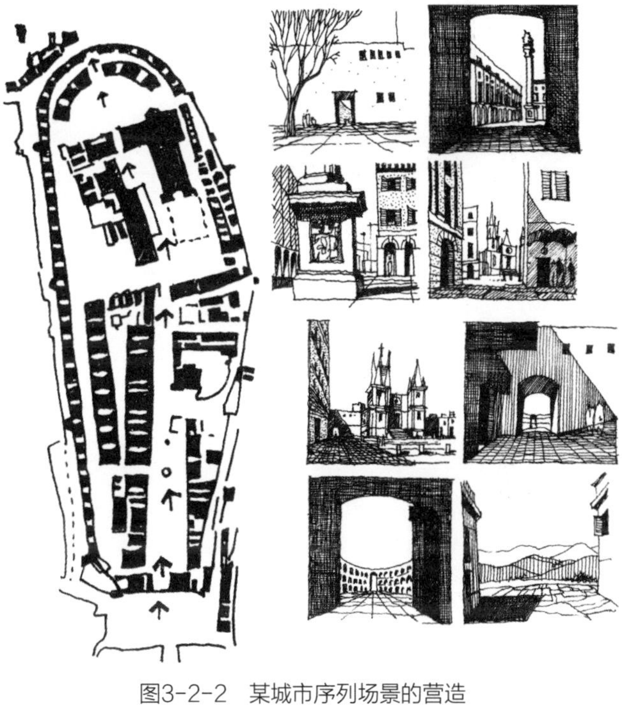

图3-2-2　某城市序列场景的营造

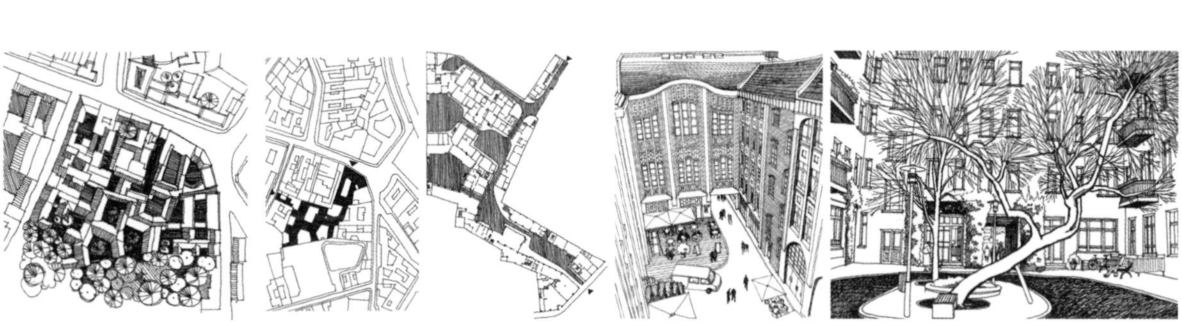

图3-2-3　德国柏林哈克雪庭院群的空间序列

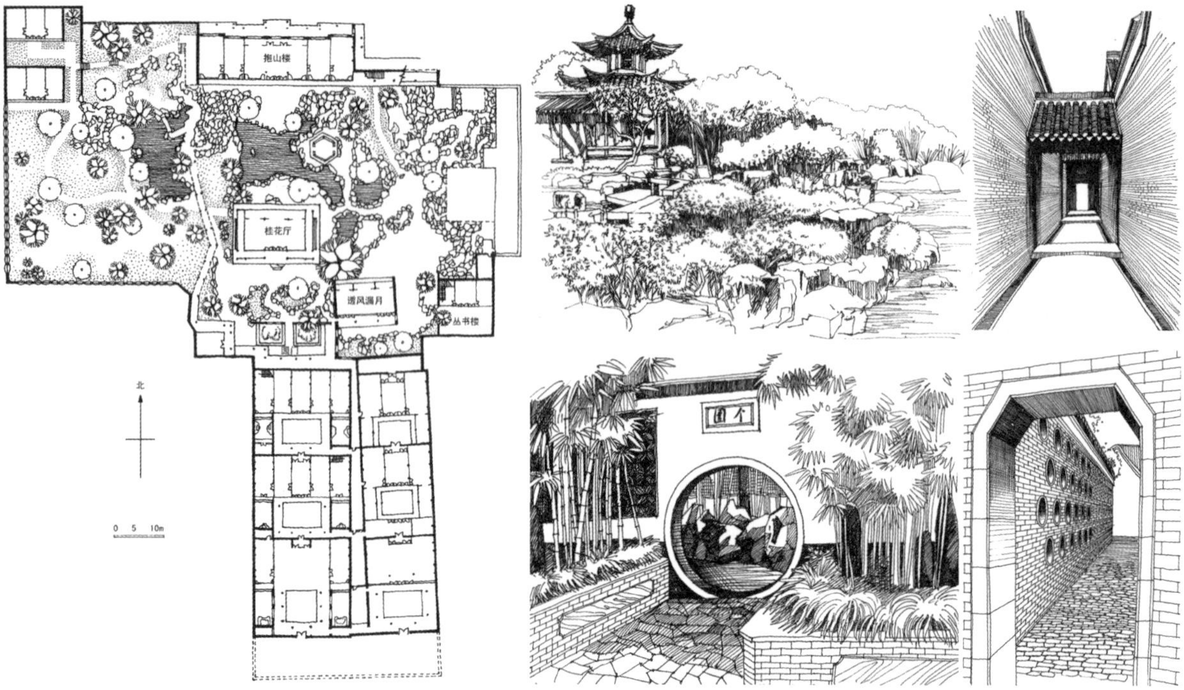

图3-2-4　扬州个园的空间序列

二、空间序列的构成与形式

小说、电影、音乐，都有开始、发展、高潮、结尾，这样才会让人觉得故事是完整的，是跌宕起伏、回味无穷的，空间序列的展开亦是如此。一个完整的空间序列包括起始阶段、过渡阶段、高潮阶段和终结阶段。

空间序列的形式主要有环形序列、直线式序列和放射状序列。其中环形序列是指人在空间中，无论正转、逆转游览，最终都回到起点，形成环状序列（图3-2-5～图3-2-7）。直线式序列是指所有空间沿一定轴线关系一个接一个依次展开，轴线可长可短（图3-2-8～图3-2-11）。放射状序列是指以某个空间为中心，其他空间环绕在它四周进行布置（图3-2-12～图3-2-14）。

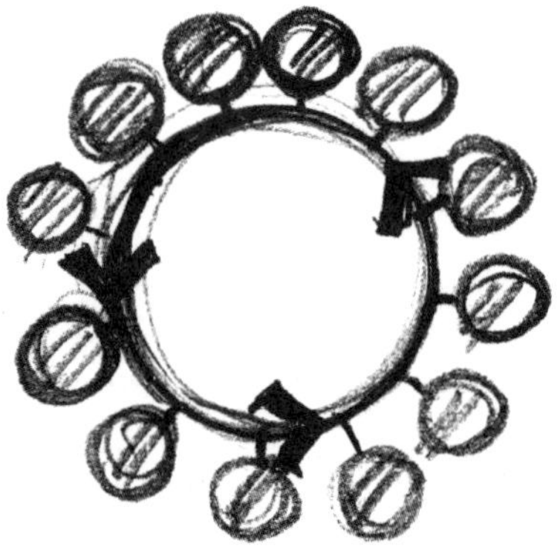

图3-2-5　环形序列示意

图3-2-6　福建永定客家圆楼承启楼

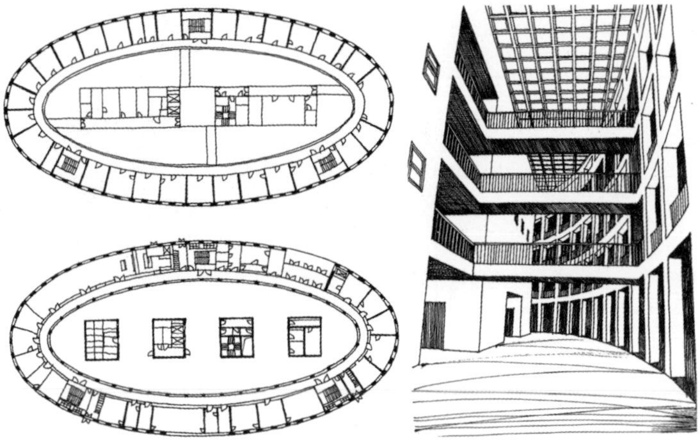

图3-2-7　德国柏林总统府平面图

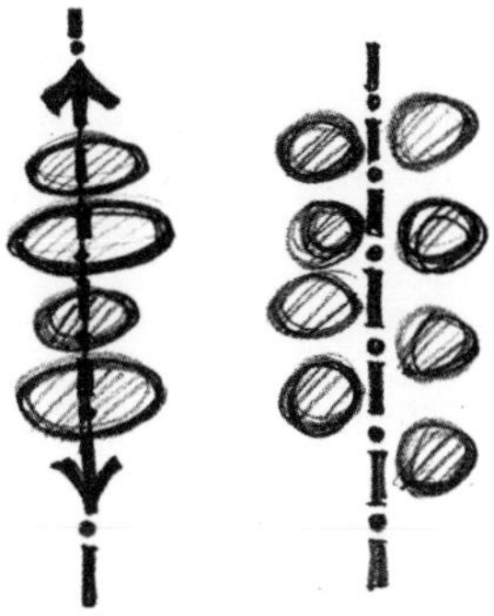

图3-2-8　直线式序列示意

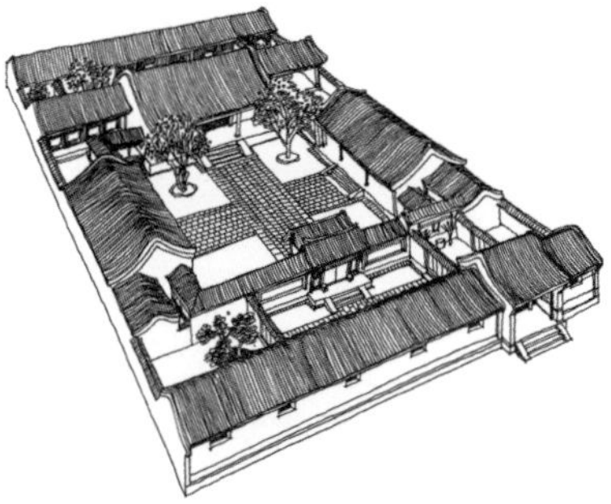

图3-2-9　北京四合院

图3-2-10　美国纽约高线公园

图3-2-11　室内走廊

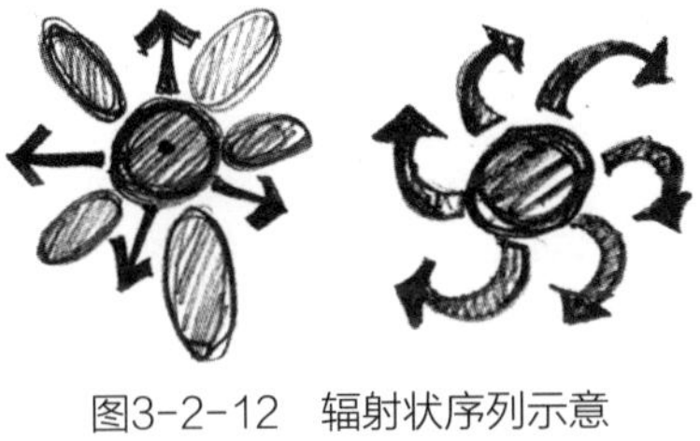

图3-2-12　辐射状序列示意

图3-2-13　德国柏林索尼中心

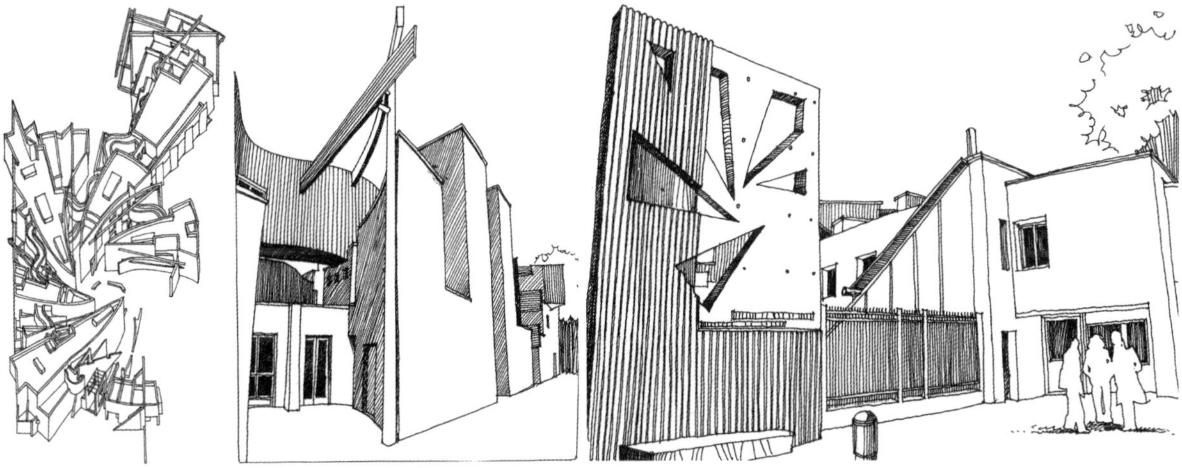

图3-2-14　德国柏林海因茨·加林斯基小学

三、空间序列的组织方法

实质上，空间序列的组织就是通过对一系列体量、尺寸、形状、位置等的因素的控制，运用对比、重复、过渡、衔接、引导等手法来营造一个统一而富有变化的、完整的具有秩序感的空间群。

1. 主从与重点

主从与重点是空间序列组织的基本方法。空间的主次，指的是空间的非匀质状态。通过主次关系组织在一起的空间体，人在其中游走、行进、游览过程中，不仅能体验到不同的空间感受，还能对主要空间和重点空间留下更深的印象，增强空间的记忆性和识别性。

2. 对比与变化

对比与变化是指两个或多个毗邻的空间，若某方面具有差异性，放在一起比较反而会更加凸显其各自的特征。其空间的差异性和对比作用通常表现在以下几个方面：高大与低矮、开敞与封闭、不同形状之间、不同方向之间（图3-2-15~图3-2-17）。

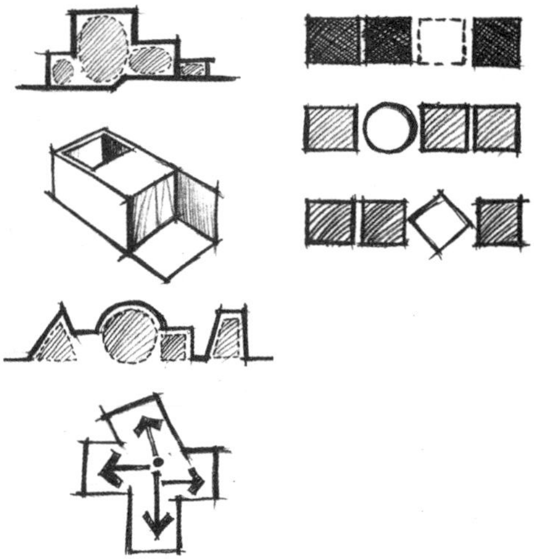

图3-2-15　空间的对比与变化

3. 重复与统一

重复与统一是指使同一种空间形式连续多次或者有规律地反复出现，获得一种整体上的韵律感。同时，统一空间的轴线是使整体空间具有条理化、整体性最为有效的一种手段。当然，轴线可以是单一轴线和复合轴线的形式（图3-2-18、图3-2-19）。

图3-2-16　美国金贝尔美术馆

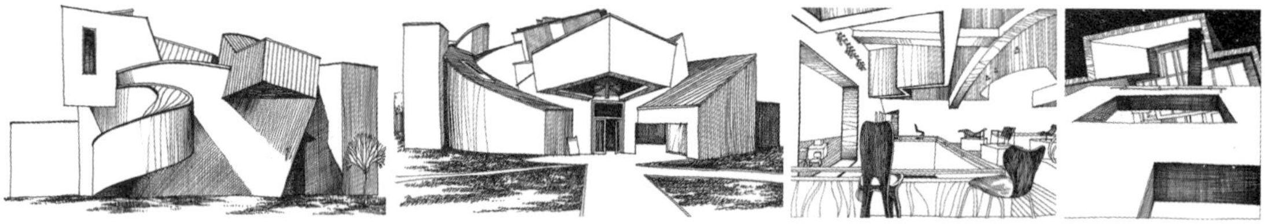

图3-2-17　德国魏尔维特拉家具博物馆

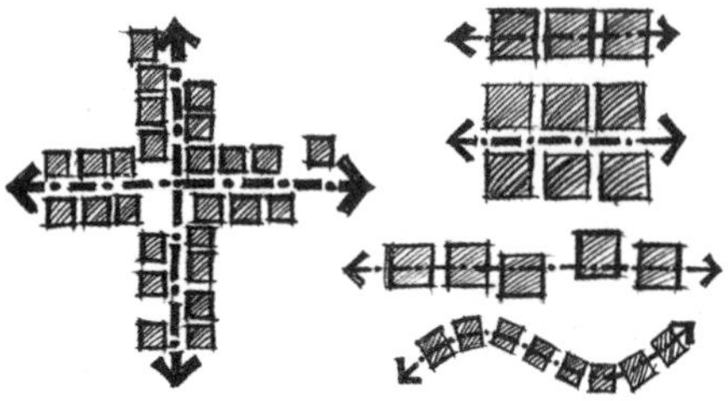

图3-2-18　空间的重复与统一

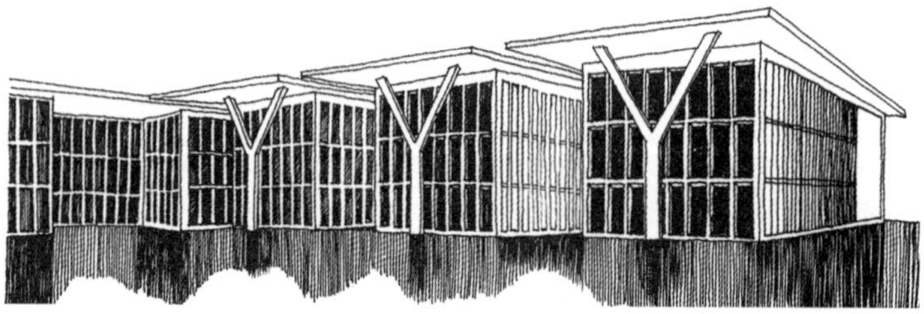

图3-2-19　美国福特沃斯现代美术博物馆

4. 衔接与过渡

衔接与过渡是指利用过渡空间将两个大空间连接的方式，使整体空间段落分明，并产生抑扬顿挫的节奏感。比如，在景观设计中常常采用“欲扬先抑”的手法，在不同景点之间利用林荫步道或茂密的植物群落作为衔接和过渡，使人穿越单调或相对密闭的空间后，突然来到开放的草坪或广场空间，从而感到豁然开朗（图3-2-20~图3-2-22）。

5. 渗透与层次

渗透与层次是指相邻的空间不采用实体的界面来划分，仅在视觉上来分隔空间，保持两个空间之间的渗透关系，并形成空间之间的前后层次（图3-2-23、图3-2-24）。

6. 引导与暗示

引导与暗示是指运用一定的手段使到达序列高潮部分之前的空间具有一定的引导和暗示作用。如运用曲线或折线的垂直界面使空间丰富多变并增加层次；利用底界面或顶界面的升降以及材质或色彩的变化等（图3-2-25、图3-2-26）。

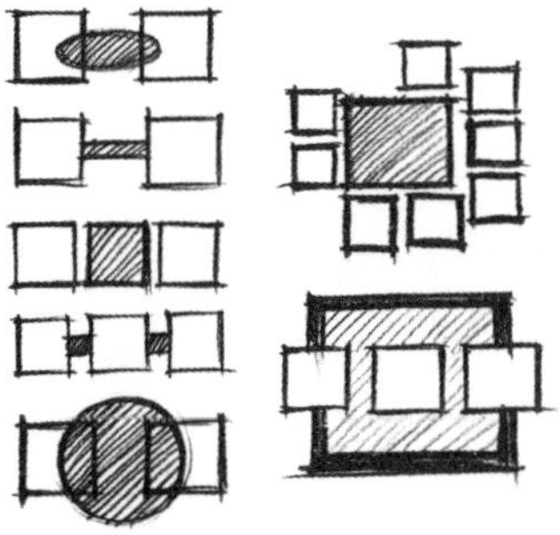

图3-2-20　空间的衔接与过渡

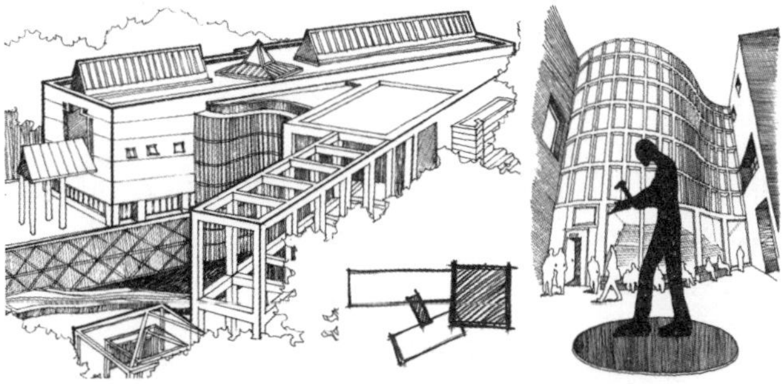

图3-2-21　日本名古屋城市艺术博物馆

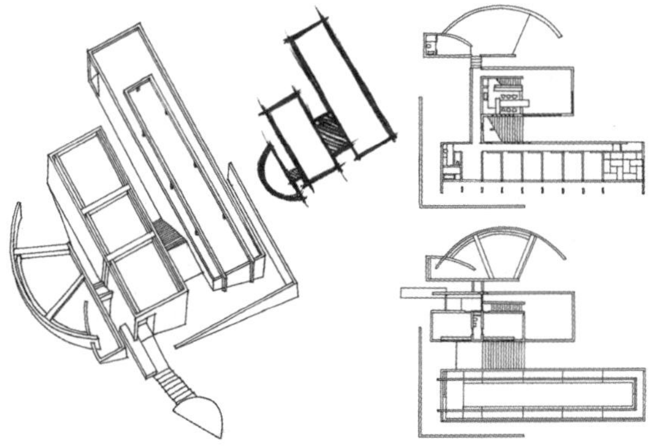

图3-2-22　日本芦屋小邸及扩建平面图

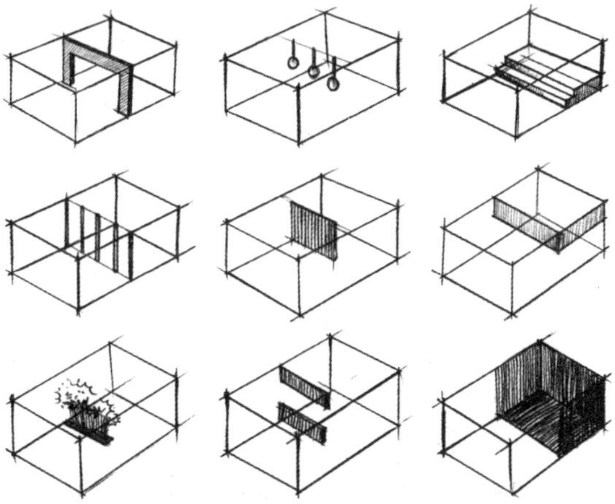

图3-2-23　空间的渗透与层次

图3-2-24　德国历史博物馆新馆

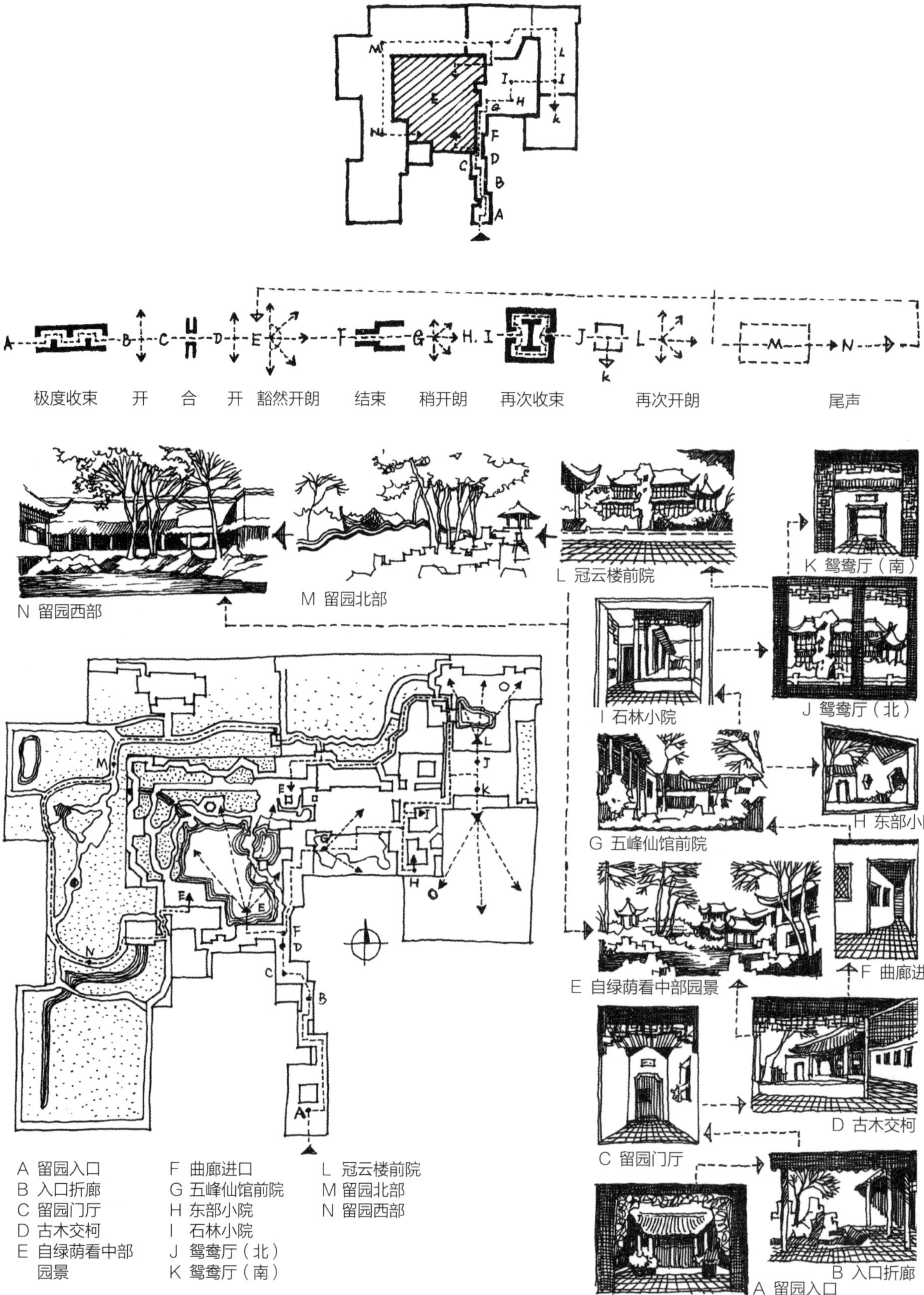

A 留园入口
B 入口折廊
C 留园门厅
D 古木交柯
E 自绿荫看中部园景
F 曲廊进口
G 五峰仙馆前院
H 东部小院
I 石林小院
J 鸳鸯厅（北）
K 鸳鸯厅（南）
L 冠云楼前院
M 留园北部
N 留园西部

图3-2-25 苏州留园

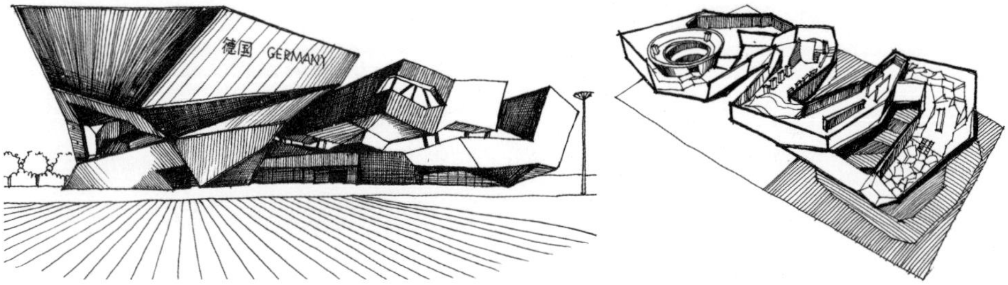

图3-2-26　2010上海世博会德国馆

第三节　空间与功能

功能是空间为了满足人们的某种使用需求而呈现出的属性，如安全、遮蔽、通风、采光、保暖、休憩、运动、娱乐、办公、学习、展陈、观赏和体验等。从功能主义的角度看，人们营造建筑的根本目的，是为了获得满足其生产生活需要的各种空间功能，因此实用空间普遍都具有很强的功能性。空间的使用功能是决定空间价值最本原的内容。换言之，没有良好的使用功能，空间的价值就将不复存在。当然，应注意的是，空间形式的选择首先要满足功能需求，但并非由功能这一方面因素决定，还要满足人们在审美、心理等各方面的综合需求。一个良好的空间设计，需要综合功能、结构、形式、色彩、材质、光线等诸要素，带来最为适宜的空间感受。

创造空间时，应首先考虑使空间适合于功能的要求，即注重功能对空间的规定性。这种规定性表现在形、量、质三个方面。

思政训练

中国传统园林是我国传统文化中的重要组成部分，其天人合一的造园思想，独特的造园手法，诗画般的意境表达不仅具有极高的历史、文化和艺术价值，对当代城市更新与乡村振兴都有着重要意义和价值。实地调研身边的传统园林，结合理论知识，切身体会传统园林空间的空间形态、尺度变化、空间序列的构成与组织方法，充分感受传统园林的独特魅力，并思考如何在当代城乡人居环境设计过程中适宜地运用园林的方式进行空间创造。

一、功能对空间形的规定

不同使用功能的空间，对于空间的形状和形式都具有不同的要求，必须根据使用功能的特点选择具有合适的长、宽、高比例的空间。

如幼儿园的教学空间多采用偏方形的空间，家具一般采用沿边布局，呈现集中向心式的布局，这样不仅让老师能够更好地教学和管理，也更容易吸引学生的注意力；中小学的教室空间由于授课的需要，多采用长方形的空间，讲台一般位于中心一侧，这样对老师和学生来说更方便，教学效率也更高；而会议室则通常采用扁长型的矩形空间，不仅满足多人开会和办公的需求，扁长形的会议桌还方便交流和讨论。再如，室内球场空间需要满足球场形状和球的飞行弧线轨迹，因此需在高度较高的矩形空间中进行活动；大学图书馆的书库则要根据人的身高与书架的高度以及最高效、便捷的存取书要求，来控制空间的形状和体量（图3-3-1）。

思考与讨论

如何看待20世纪20年代现代主义建筑大师路易斯·沙里文（Louis H. Sullivan）提出“形式追随功能（Form follows function）”这一观点？

二、功能对空间量的规定

功能对空间量的规定是指功能对于空间大小和容量的规定，其首先体现在尺度方面。居住空间与人的日常生活最为紧密，通常具有较小尺度，如15～20平方米的卧室相对合适，公共教室则适宜在50平方米左右，而大型公共建筑或纪念性建筑往往采用尺度宏大的建筑体量以满足其功能需求。城市公共环境中环境设施的尺度应该与城市空间功能等级相匹配，这就是为什么天安门广场前的路灯要比小区路灯尺度大很多的原因（图3-3-3）。其次体现在比例方面。如商业街的设计应充分注意两侧建筑高度与商业街界面宽度的比例，通常两者比例在1：1左右，则较容易创造出富有商业氛围的购物空间（图3-3-4）。

空间比例和尺度的选择除了要满足功能的需求外，也要反映时代和文化的特点。如城市广场空间，从功能的角度讲应满足聚集、休闲或是某种特定功能需求，但在不同国家、不同文化、不同历史背景下，有着极大的差异。欧洲传统城市的广场被称为城市客厅，具有亲切且与周边建筑协调的空间尺度（图3-3-5）；中国现当代城市广场，由于城市规模

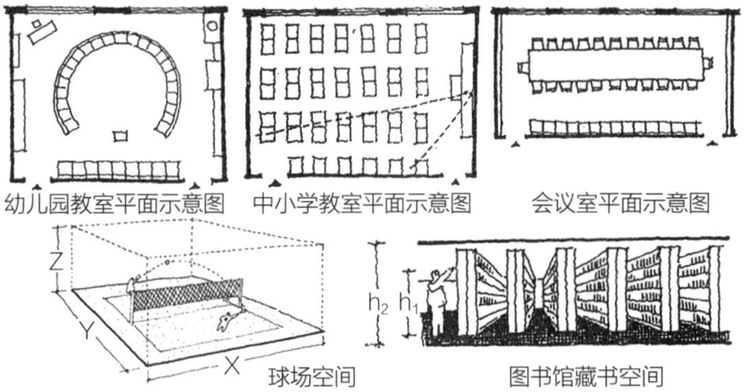

图3-3-1　空间形状与功能的关系

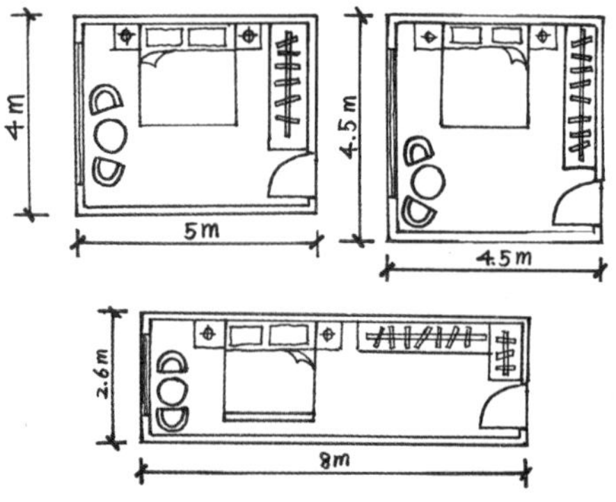

图3-3-2　不同形状同等面积的居住空间

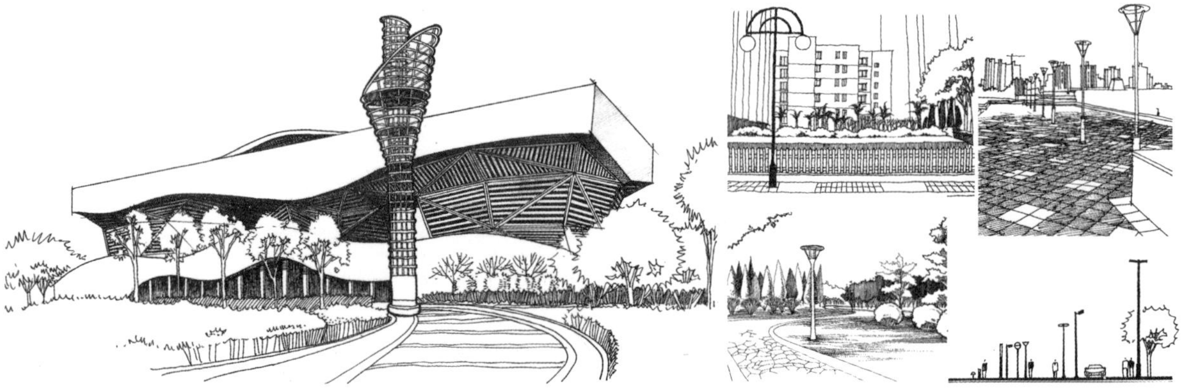

图3-3-3　不同功能要求下的路灯尺度各不相同

图3-3-4 成都远洋太古里宜人的街道比例

图3-3-5 拥有亲切尺度的意大利威尼斯圣马可广场

的扩张和较大的城市尺度，往往采用较大的空间形式（图3-3-6）。此外，精神功能也能够决定空间尺度，如欧洲中世纪“高、直、尖”的教堂空间就是典型的例子，人置身其中能够感受到独有的宗教氛围。

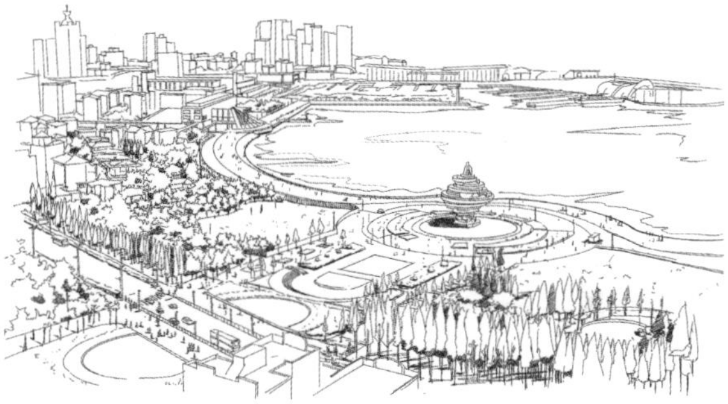

图3-3-6 拥有较大尺度的青岛五四广场

三、功能对空间质的规定

功能对空间质的规定，是指功能对空间采光、通风、日照、方位、景观等条件的重要影响力。

对于建筑和室内空间来说，质的规定主要表现在开窗和朝向方面。不同的房间，由于使用功能的不同，要求有不同的朝向和开窗处理。开窗的形式受房间采光、通风要求（即开窗面积）的制约，开窗面积也各不相同，应该根据不同的功能需求选择不同的开窗面积。理想的居住、办公等日常空间要满足良好的采光和通风要求，既要考虑冬季和夏季不同日照角度对室内空间的影响，又要南北通透，以获得自然通风。

空间设计中，不同的功能对采光方式也有不同的需求，但都应充分运用自然光，以达到节能、环保的作用（图3-3-7）。比如画室适宜北侧天光，以便保证对作画的最小影响；博物馆、美术馆、图书馆应采用多种方法避免光线直射或减少炫光，可以通过屋顶造型进行顶部反光，以保证室内光线柔和，也可以通过下部反光或者开窗的位置控制光线方向，还可以在外墙设置遮阳板控制阳光的强度和角度等。根据不同的能供需求，对建筑外立面的控制可以有效控制光线，如通过高侧窗引入光线，通

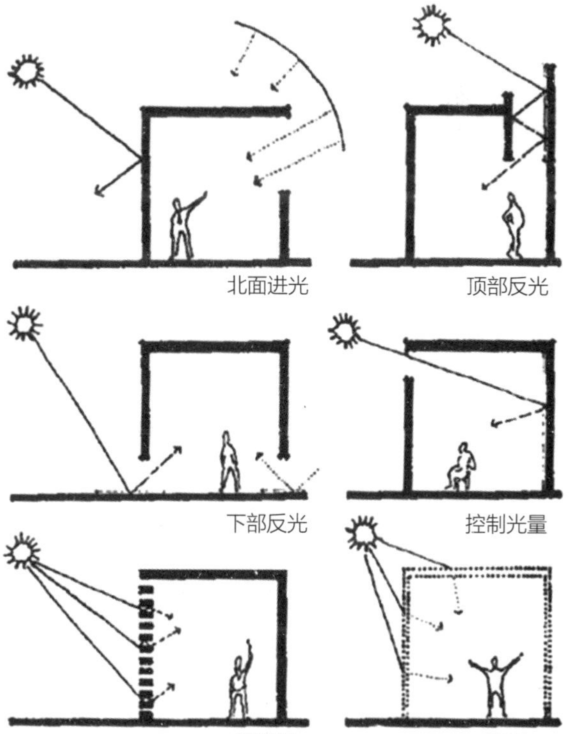

图3-3-7 功能对光线和通风的要求

过窗洞形成室内外空间的连接，利用建筑立面的挑檐、灰空间增加空间过渡等方法（图3-3-8）。

此外，在建筑的空间布局中，要避免噪声干扰，避免有害声音对工作休息环境的破坏，这也是研究环境声学的重要目的。观演类建筑和景观，如影剧院、户外观演空间都对声学有较高要求，可通过利用建筑的朝向、使用吸音和隔音材料等方法来降低噪声。在户外空间中，景观元素的合理运用可以用来屏蔽噪声。如在城市景观中，经常运用瀑布和流水的声音进行环境噪声的遮蔽，以营造宁静的空间氛围（图3-3-9、图3-3-10）。

总之，不同的活动需求对应于不同的空间形态、尺度和性质要求。在明确了这些因素以后，如何进行各空间的功能组织和平面布局，并将不同功能性质的空间有效地组织起来就成为空间设计的关键（图3-3-11、图3-3-12）。

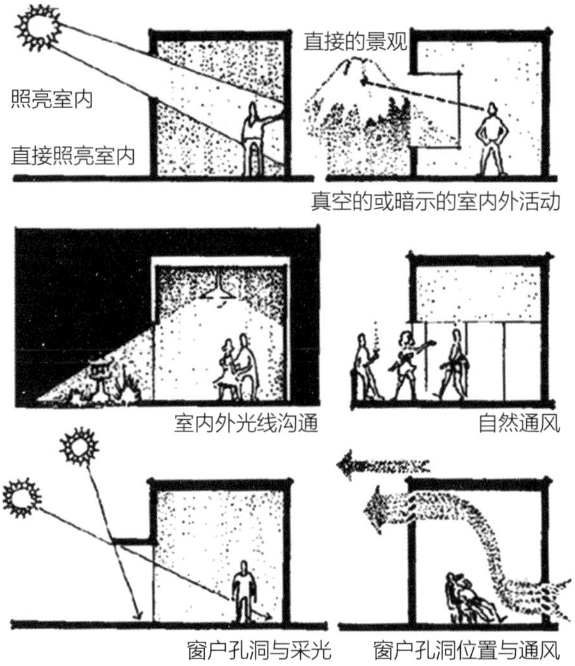

图3-3-8　外立面对光线、视线和风的控制

图3-3-9　美国纽约佩雷公园用瀑布景观遮蔽噪声

图3-3-10　美国西雅图UPS瀑布花园用瀑布景观遮蔽噪声

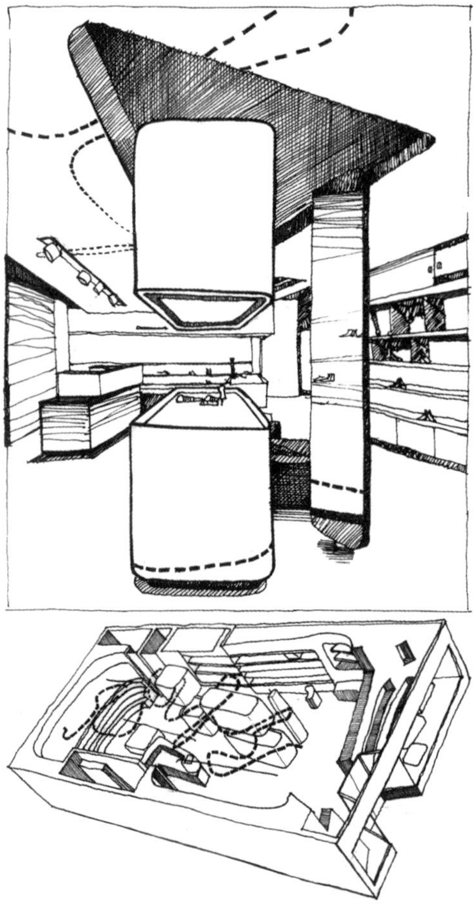
图3-3-11　根据人的活动流线而设计的专卖店空间

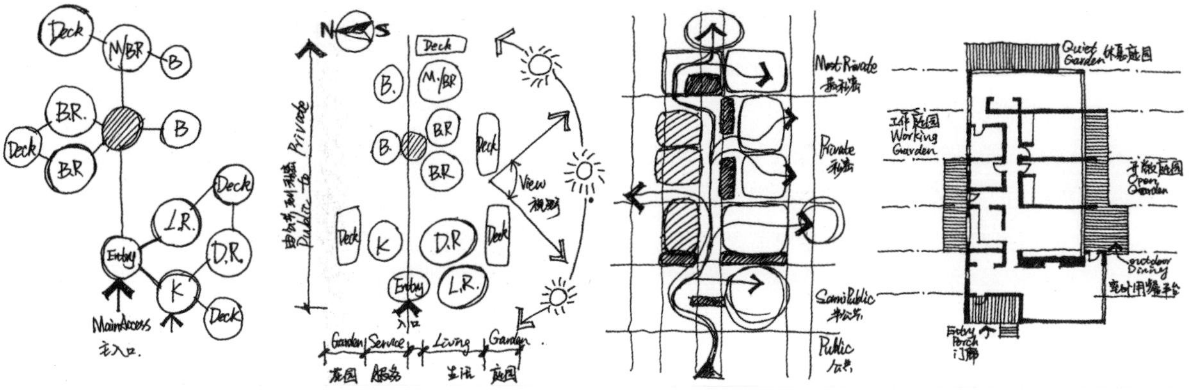

图3-3-12　人的活动需求影响居住空间的形成

第四节　空间与结构

结构是形成空间的基本途径。尤其对于建筑空间而言，总是由一定形式的结构所形成的。

位于英国英格兰威尔特郡索尔兹伯里平原的巨石阵是著名的史前时代文化神庙遗址，虽然关于它的很多谜团尚未解开，但它以巨石为柱，顶上横卧巨石为楣，展现了一种原始的空间结构关系（图3-4-1）。西方传统建筑主要以砖石材料为基础，形成砖石结构，中国古代建筑则主要以木材为基础，形成木结构体系。梁思成先生也写到：“凡一座建筑物皆因材料而产生其结构法，更因此结构而产生其形式上之特征。”可见，材料、结构与空间有着紧密联系，甚至对空间有着决定性的影响。

一、基本的空间结构

小朋友搭积木城堡大都有两种方式，一种是将积木一块块累积叠加成墙，一种是用积木搭好柱子后再搭设屋顶。类似的，建筑的承重方式大致可分为墙承重和非墙承重两大类，非墙承重又包括排架结构、框架结构、剪力墙结构、框架剪力墙结构、筒体结构、大跨度空间结构等。按承重构件的所用材料分类，建筑结构可分为木结构、砖木结构、砖混结构、砌体结构、混凝土结构和钢结构等。

在建筑体系中，梁、柱、板成为开辟空间的典型结构形式。中国传统木构架建筑体系就是由木柱和梁架所支撑的典型空间，是线条造型与结构组合的艺术，墙体则作为界面维护，于是有了“墙倒屋不塌”的说法（图3-4-2）。现代建筑中，楼板成为了结构中的重要构件。以梁、柱、板共同作用形成的框架结构和砖混结构往往适用于较小的建筑体量，其造型稳重、谨慎，可以有丰富的体块变化（图3-4-3）。勒·柯布西耶（Le Corbusier）在其1914年提出的多米诺体系（Domino）中提倡用框架结构承重，用钢筋混凝土柱承重取代承重墙结构，使室内空间可自由划分平面，立面从承重构件中解放出来，成为现当代幕墙建筑连续玻璃表皮的基础（图3-4-4）。钢筋混凝土结构建筑能呈现

图3-4-1　英国巨石阵

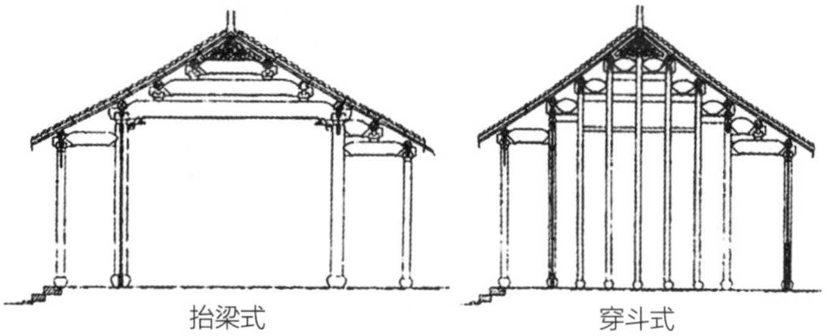

抬梁式　　穿斗式

图3-4-2　抬梁式与穿斗式

丰富多变的、大跨度的建筑空间（图3-4-5）。

拱券体系是建筑空间中的一种特殊结构，不仅有支撑与美化的作用，由拱结构发展形成的穹顶空间还具有极大的感染力。半圆形的拱券成为古罗马建筑的重要特征，营造了具有集中性的大空间（图3-4-6）；尖形拱券及飞扶壁成为哥特式建筑的明显特点，塑造出高耸、神秘的空间感（图3-4-7）；而伊斯兰建筑的拱券则有尖形、马蹄形、弓形、三叶形、复叶形和钟乳形等多种形式，使建筑空间极具宗教特色（图3-4-8）。美国现代建筑师、宾夕法尼亚州立大学教授路易斯·康（Louis Isadore Kahn）曾说："砖想成为拱"，在他的作品中，常常遵循并发挥砖适合受压而不受拉的特性，用砖拱开辟出与重力感相反的轻盈的弧形（图3-4-9）。

钢结构能够形成折面、曲面和异形面以及特殊体积的空间，能够塑造较大跨度和较大悬挑的空间。由于其广泛的空间适应性和出众的造型能力，被广泛地运用于各种对空间有较大尺度或特殊形态要求的公共建筑中（图3-4-10、图3-4-11）。

日本设计师坂茂运用纸管、竹子、泥砖等廉价和可循环材料进行空间建造，体现出设计背后强烈的社会意识。他的作品"家具宅"，运用工厂预制的空心

图3-4-3　美国芝加哥罗比住宅

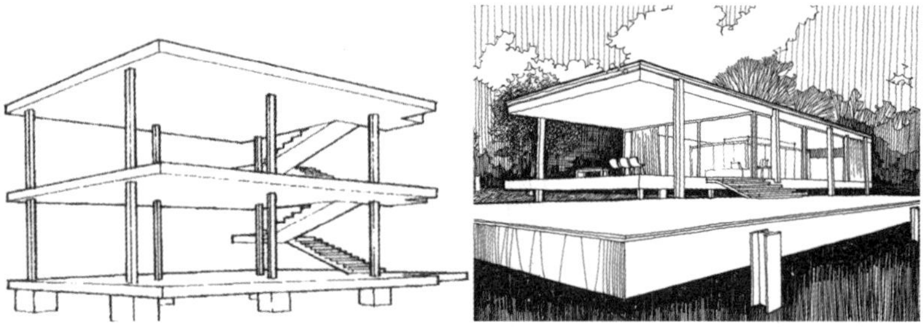

图3-4-4　美国范斯沃斯住宅

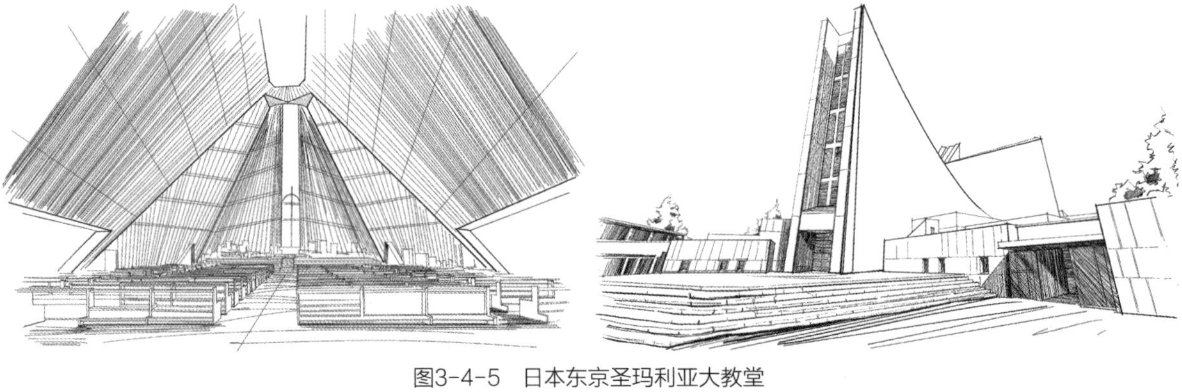

图3-4-5　日本东京圣玛利亚大教堂

图3-4-6　意大利罗马万神庙穹顶

图3-4-7　意大利米兰大教堂2

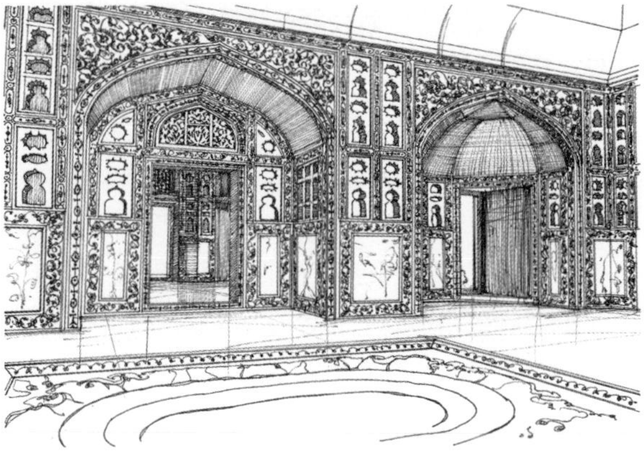

图3-4-8 泰国泰姬陵内部

图3-4-9 印度管理学院艾哈迈德巴德分校

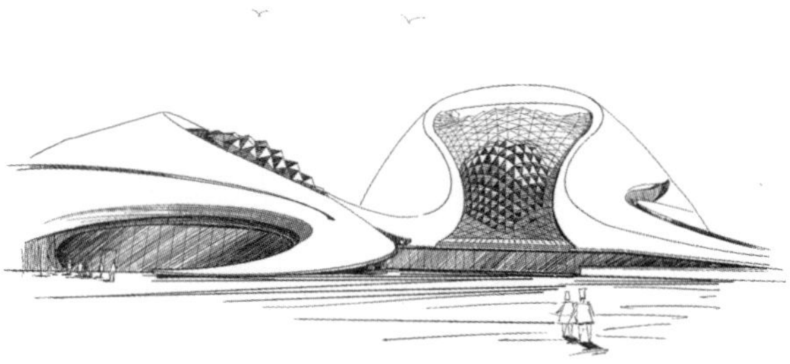

图3-4-10 哈尔滨大剧院

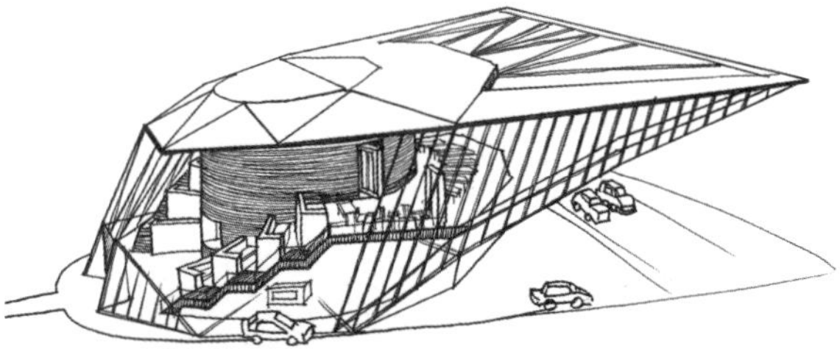

图3-4-11 乔治亚共和国巴统市城市公共建筑

图3-4-12 箱体构建的“家具宅”

箱体作为承重结构。同时，空心箱也是与室内净高相同的家具单元，从而降低了材料和劳动强度，缩短了施工时间（图3-4-12）。2008年的“5.12地震”后，他以纸管为主要结构设计的成都华林小学，是一个用“纸”搭建的临时学校（图3-4-13）。

随着建造科技的不断发展，还有折板结构、壳体结构、网架结构、悬索结构、充气结构、篷帐张力结构等许多独特的空间结构形式，为我们的人居环境塑造出丰富多样的空间。

图3-4-13 以纸管为结构的学校

二、结构的表现力

建筑结构作为空间的组织和形成基础，能够起到承受荷载和维护空间的作用。同时，结构本身也可以具有极强的感染力和表现力。无论是古罗马时期的穹顶，还是由玻璃和钢构成的水晶宫，或是巴黎的埃菲尔铁塔，抑或是英国的世纪穹顶，这些由结构带来的视觉冲击力和震撼力，都在引领着不同时代的空间观念和审美观念。

1. 结构可以作为空间装饰与文化的表达

中国传统木建筑由梁、柱、枋、檩等木构架组成，构架本身形成的坡顶空间成为了中国传统建筑意象中的重要内容，在现代空间设计中也常被运用。出挑的层层斗拱，不仅将屋顶荷载传递到立柱上，也是重要的装饰构件，还是社会等级制度的象征和重要建筑的尺度衡量标准。中国世博会中国馆的空间设计就充分运用了斗拱结构的表现力（图3-4-14）。日本的许多现代建筑中，也有很多运用木结构进行空间表现的案例（图3-4-15）。

2. 结构可以作为空间张力和风格的表现

悬浮、悬挑、突出或不同于主体的空间结构能够形成独特的空间印象和空间感受（图3-4-16）；不稳定的、突破视觉惯性的结构能显示出一种空间的张力与极强的表现力（图3-4-17）；外显的结构可以形成独特的建筑风格，使空间具有标志性，并形成极大的视觉冲击力（图3-4-18）。

3. 结构还可以作为精神文化的传递

伊朗裔美国建筑师法里波茨·萨巴（Fariborz Sahba）设计并主持建造的新德里莲花教堂，建筑整体形态仿佛一个半开的莲花。建筑平面为九边形，外部由三层共27片花瓣状的混凝土壳体围合，覆以白色大理石面层，内部为带拱肋的混凝土穹顶，整体空间体现与象征了和平与安宁（图3-4-19）。华裔建筑师贝聿铭设计的卢浮宫玻璃金字塔，通过当代结构和材质的巧妙运用，呼应了遥远的人类文明，以轻盈的体量感和最大限度的透明性表现了对卢浮宫及历史环境的高度尊重（图3-4-20）。

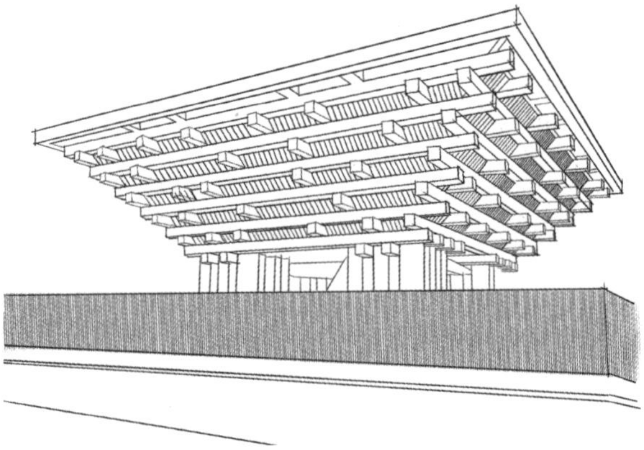

图3-4-14　2010年世博会中国馆

图3-4-15　日本高知梼原木桥博物馆

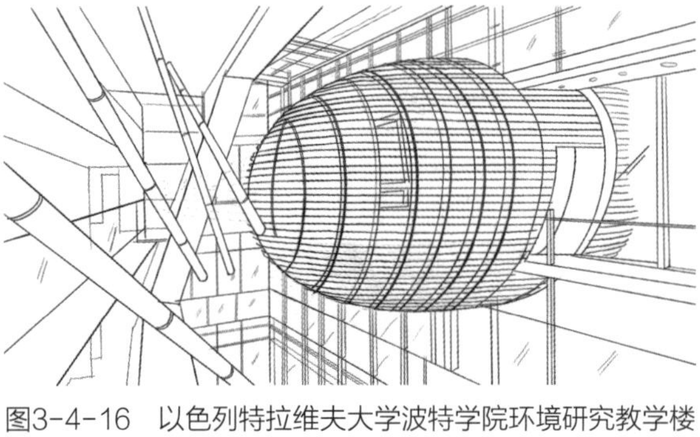

图3-4-16　以色列特拉维夫大学波特学院环境研究教学楼

图3-4-17　美国加州大学圣地亚哥分校盖泽尔图书馆

图3-4-18 “高技派”代表——法国巴黎乔治·蓬皮杜文化艺术中心

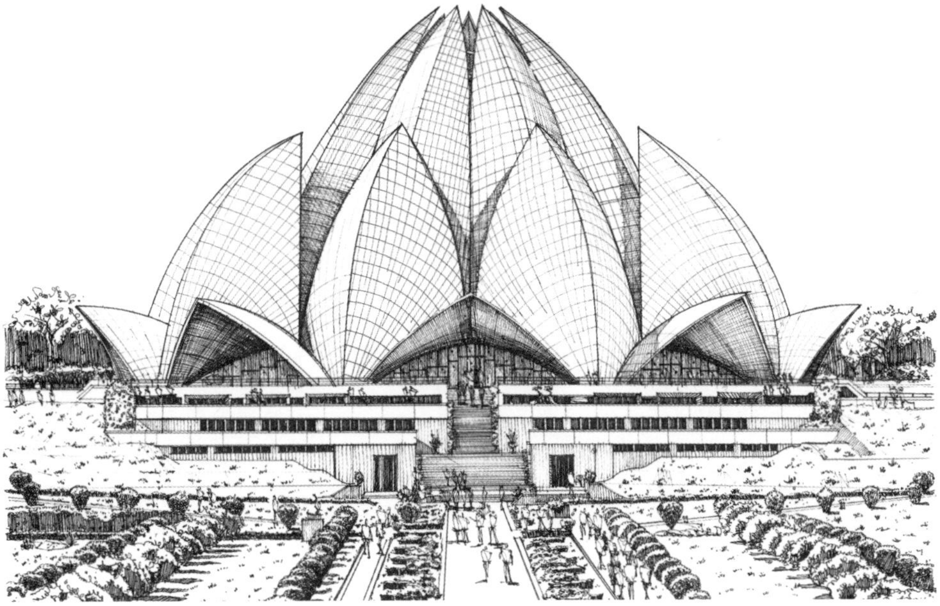

图3-4-19 印度新德里荷花教堂

图3-4-20 法国卢浮宫玻璃金字塔

第五节　空间与材料

围合和限定空间的界面多是物质性的，界面的材质通过其质感和肌理来表现空间形式的表面特征，或影响到空间形式表面的触感和反射光线的特性，进而影响人对空间的感知。

一、常用的空间设计材料

空间设计中常用的材料，根据其生产属性可分为天然材料和人工材料两大类，根据其质感属性，可分为硬质材料和软质材料、精致材料和粗犷材料等类型。对材料的运用需要遵循因地制宜的原则，还需要对材质属性和特质做出真实表达，同时增强材质的表现能力。

1. 天然材料

天然材料主要包括石材和木材。空间设计中的石材主要用在结构基础和装饰饰面上，常用的天然石材有花岗岩、大理石、合成石和各种各样的天然景观石等。木材是具有中国传统韵味的可再生材料，其质地自然，有丰富的色彩和纹理，本身具有极强的表现力和可塑性。作为吸碳材料，木材本身就是低碳建筑（图3-5-1）。

2. 人工材料

人工材料主要包括砖材、玻璃、金属、混凝土等。砖的种类繁多，建筑中常用的如普通实心黏土砖、多孔砖，景观中常用的有草坪砖、透水砖和挡土砖等。在实际空间设计中，通过其砌筑方法的不同，还能够形成丰富的建筑表皮和光影效果（图3-5-2）。平板玻璃、中空玻璃、低辐射玻璃（Low-e玻璃）、玻璃砖以及各种异形玻璃在起到透光、反射和隔热作用的同时，还可用作空间塑造和氛围营造（图3-5-3）。金属材料包括钢、铁等黑色金属和铝、铅、锌、铜、锡、铝合金等有色金属，各种型号的钢材为空间设计提供了多种发展的可能（图3-5-4）。混凝土为胶凝材料、水和骨料及外加

图3-5-1　木材建造的2014年青岛园博会万科展区

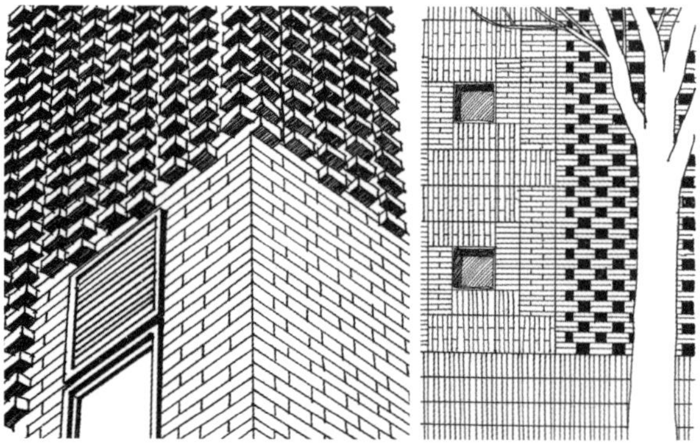

图3-5-2　砖形成的丰富表皮

图3-5-3　玻璃作为建筑隔断（美国西雅图湖城图书馆）

图3-5-4　法国马赛NOTO-LUCCHESI露天体育场锈蚀钢板景观

图3-5-5　混凝土建筑

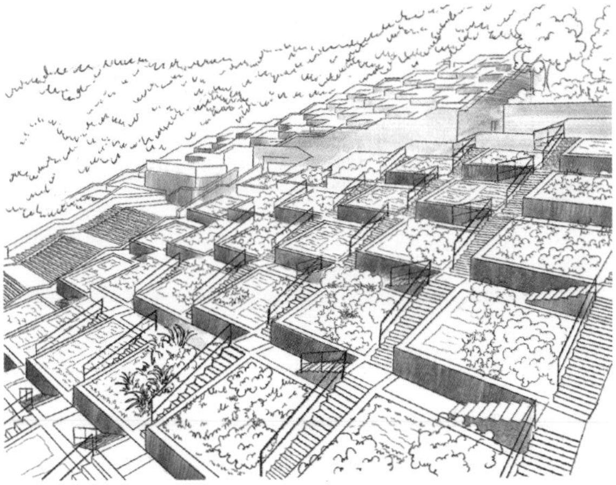

图3-5-6　日本淡路梦舞台

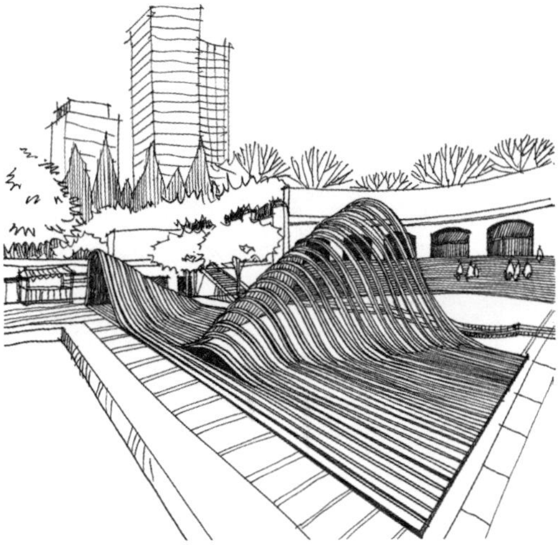

图3-5-7　竹钢材料建成的景观构筑物

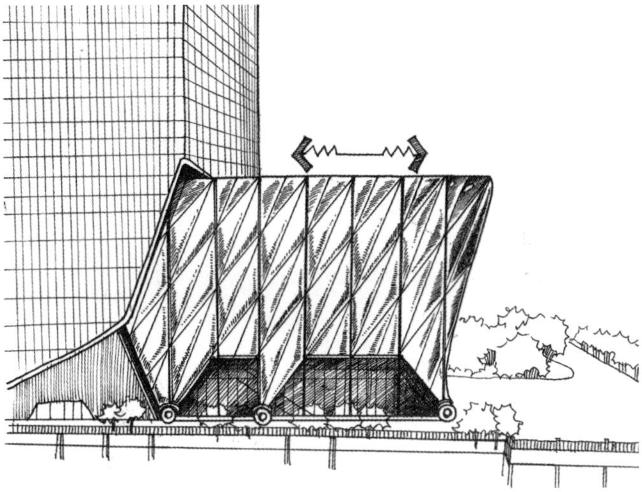

图3-5-8　美国纽约哈德逊码头“棚屋”艺术中心ETFE膜结构的伸缩外表皮

剂混合配比而成，抗压强度高，抗拉强度小，有清水混凝土、透光混凝土等多种类型和饰面，具有良好的空间质感表现力（图3-5-5、图3-5-6）。

此外，随着材料技术和建构技术的发展，各种生物质材料、高分子材料、复合材料等被广泛运用，在空间设计中塑造出各种新颖的空间场所，为人们提供了多样的空间感受（图3-5-7、图3-5-8）。

思考与讨论

请结合身边的空间，举例说明结构与材料对空间形成和空间感受的影响和作用。

二、材质对空间的视觉影响

材质包含材料的质感和肌理两个内容，且两者有一定的区别。质感是指物体表面质地的特性作用于人眼所产生的感觉，而肌理则是指质地上的细小纹理变化。肌理可分视觉肌理和触觉肌理。有些肌理要用身体的接触才能感受到，不过大多时候眼睛也可以感受到触觉肌理，因此两者区别不大。

几乎所有的材质都具有硬度、质感、耐久性和色彩等属性，不同的质感有着不同的空间表达效果。例如，细腻的材质可使空间显得精致、时尚，空间略有扩大之感；粗糙的材质可使空间显得质朴、自然，空间略有缩小之感。光亮的材质可使空间感觉比原本更大，给人简洁、纯净之感，使人精神愉悦；灰暗的材质使空间略感缩小，使人感觉低

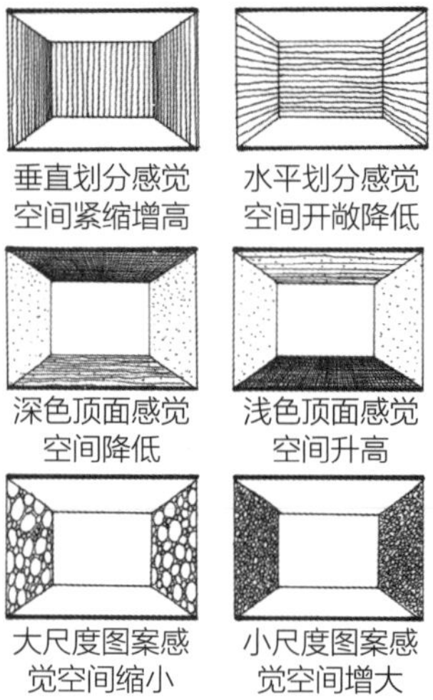

图3-5-9 质感对空间的影响

图3-5-10 美国洛杉迪士尼音乐厅光滑的材质

图3-5-11 美国宾夕法尼亚州流水别墅自然的材质

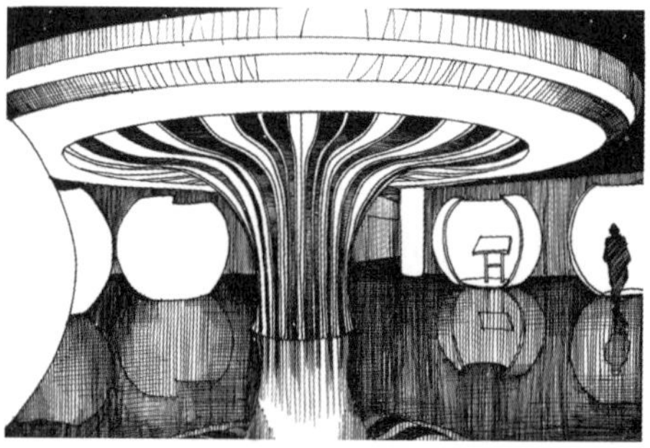

图3-5-12 北京奥体中心展示空间光滑的材质

调、平实，但过度灰暗的材质会给人带来沮丧的情绪。再如，松软的材质使空间显得放松、亲切，略有缩小之感；紧密的材质使空间显得严肃、严谨，略有扩大之感（图3-5-9～图3-5-15）。

材料通过其质感的表达，给人丰富的视觉感受。如混凝土材料给人稳重、沉静之感，膜状材料给人柔软、模糊的感受，镜面材料不仅能够带给人好奇感、空间的延伸感，还能形成良好的空间互动效果。美国芝加哥千禧公园的云门雕塑、人行天桥和露天音乐厅等均采用了具有金属反光效果的材质，具有极强的现代气息，与周围城市环境形成视觉上的对比。其中，云门雕塑巨大的镜面抛光不锈钢材质将整个城市的景观及天际线变形倒映其上，人们会不自觉地主动靠近并与之合影互动，形成良好的城市公共空间（图3-5-16～图3-5-18）。

某种意义上，用材的多少、档次的高低和空间的美感并不存在绝对的联系。在空间设计中，材质的协调极为重要，质感与肌理相似或者相近的材料组合在一起，容易形成和谐、统一的空间。空间设计中常运用空间界面材质的粗糙和光滑、软与硬、冷与暖等对比手法，来塑造具有个性和视觉冲击力的空间，亦常运用空间界面材质的相似性，达到使不同空间具有统一性的目的（图 3-5-19）。建筑中的表皮主义倾向就是在建筑的界面材料上做文章，通过质感和肌理的处理进一步改变空间的视觉效果（图3-5-20～图3-5-22）。

图3-5-13　美国威斯康星州西塔里埃森粗犷的材质

图3-5-14　某餐饮空间丰富的材质

图3-5-15　西安瓦库酒吧乡土材质

图3-5-16　美国芝加哥千禧公园云门雕塑

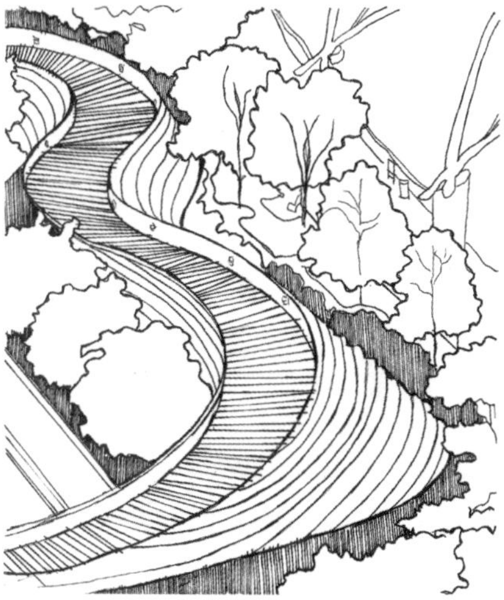

图3-5-17　美国芝加哥千禧公园人行天桥

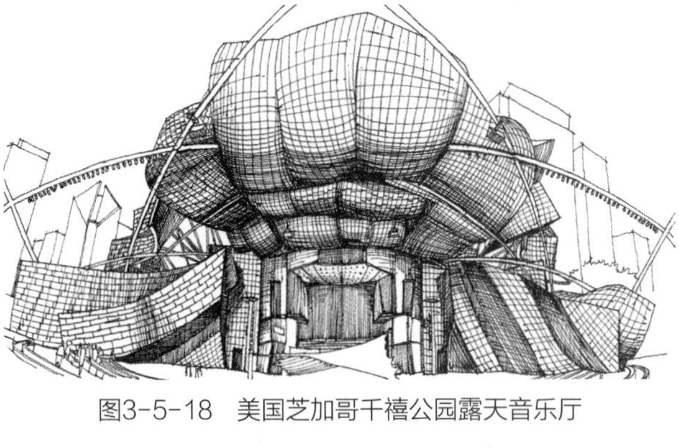

图3-5-18　美国芝加哥千禧公园露天音乐厅

图3-5-19　中国香港商业街界面的材质对比与变化

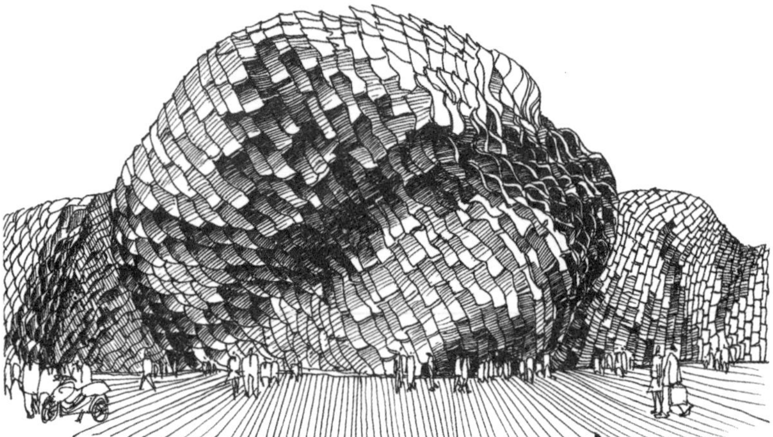

图3-5-20　2010年上海世博会西班牙馆

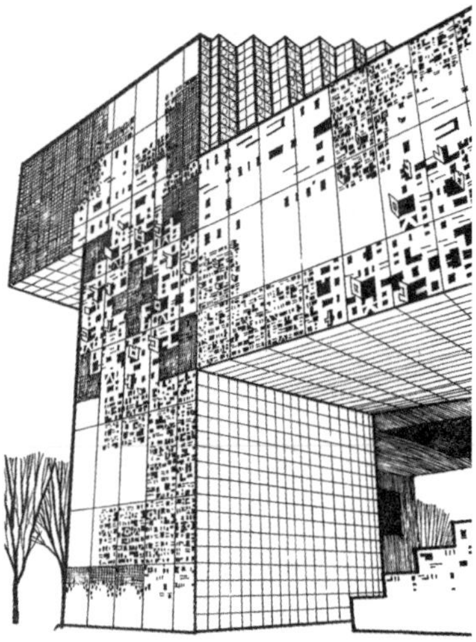

图3-5-21　2010年上海世博会韩国馆

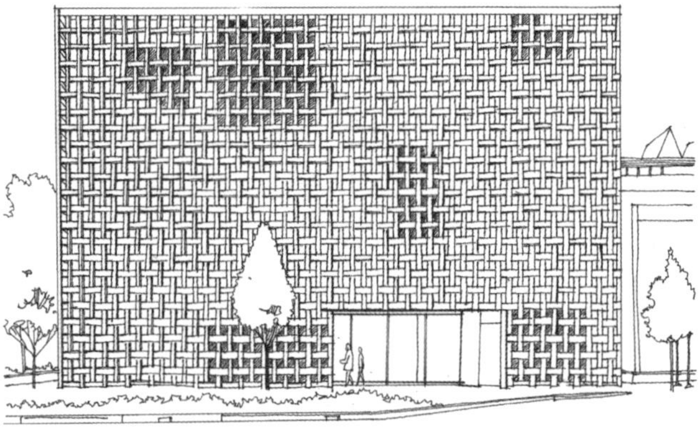

图3-5-22　美国阿斯彭艺术博物馆

图3-5-23　上海新天地入口

三、材质的其他作用及其运用

1. 指示和引导人的行为

空间中的界面材质对人的行为有一定的指示和引导作用，如通过地面材质的不同区分不同空间；在许多有地坪高差的地方使用不同的材质提醒人行安全；通过材质本身的肌理走向来引导空间等。

芦原义信认为，在外部空间中可以分为第一次质感和第二次质感。第一次质感指人靠近外墙，能充分的观赏它材料质感的范围。第二次质感为人与外墙保持一定距离时看到的材料效果。也就是说，质感会随着人观赏距离的变化而变化，因此人的观察距离与质感的关系是设计的重点。在空间设计中，与人接触较为紧密的界面可多用较为细腻的材质，远离人的界面材质可选择较为粗犷的材质，或以自然的植物为背景，既可以形成丰富的质感对比，又可以增加空间的层次感（图3-5-23）。

2. 表达空间情感

材料具有重要的空间情感表达作用。空间材料的选择应根据功能、环境、文化心理等因素做出综合考量，并充分运用设计场地环境中的自然材料进行设计，充分体现材料未经雕琢的天然本性，以达到返璞归真、自然质朴的效果（图3-5-24、图3-5-25）。

3. 凸显地域特点

空间设计中应充分运用本土地域材料，形成某种文化上的心理暗示，凸显地域特点。如竹材作为具有很强地域性的建构材料，常常被用在环境设计中，以空间和功能的适宜性为原则，既可以用竹篱笆表现材料的质朴美，也可以用经过艺术加工的各

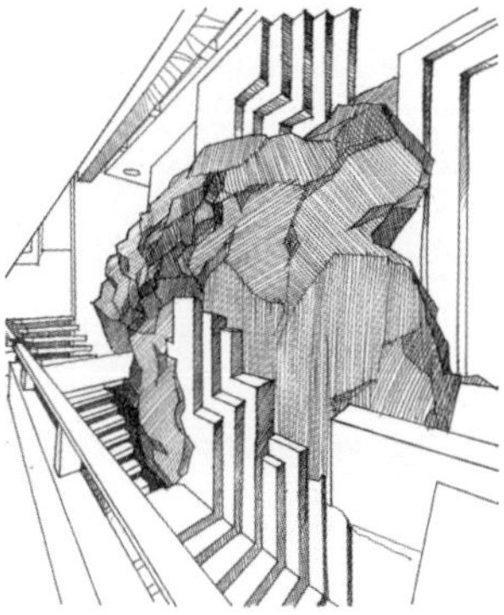

图3-5-24　秘鲁维罗尼卡海滨别墅建筑内部保留的自然岩石

图3-5-25　美国西雅图日本花园中的自然材质

图3-5-26　“莲香竹语”竹茶室

图3-5-27　重庆武隆归原小镇竹亭

图3-5-28　浙江文村更新中的当地材质运用

种竹的形态表现不同意境的空间（图3-5-26、图3-5-27）。江南传统园林中就充分利用了青砖、青瓦、卵石等自然元素进行艺术化的加工组织，铺成园林小路。在王澍设计的浙江文村村落更新中，充分运用了当地乡村的乱砖、夯土墙、木材、竹篱等进行设计，通过材料表达了建筑的在地性（图3-5-28）。

第六节　空间与色彩

色彩是人对周围环境感知的重要部分，也是诸多因素中最为敏感的部分。色彩是物体区别于周围环境的最明显的一个属性。它能为人在空间中分清物体、提供信号、传达周围信息，并影响人们的舒适与健康。色彩，也是最具丰富表情的要素。因此，柯布西耶认为“色彩是被人们遗忘的巨大的建筑力”。

思考与讨论

结合日常经验，请想一想色彩对人们认知空间起到怎样的作用？想象将身边的空间界面色彩进行更换，能获得怎样的空间体验？

一、色相对空间的影响

空间的色相往往决定了人们对空间的第一印象。色彩具有丰富的表情，不同的色彩会给人完全不同的空间感受（表3-6-1）。

表 3-6-1　不同色彩带给人的空间感受

白	黑	灰	红	橙	黄	绿	蓝	紫
明快、纯净、简洁	严肃、深沉、压抑	中庸、低调、浑浊	喜庆、热烈、兴奋	光明、华丽、甜美	温暖、幸福、明快	和平、自然、青春	理智、凉爽、宁静	优雅、高贵、神秘

一个空间可以只有一种色彩，但在大多数情况下不止一种，这就涉及色彩的搭配问题。一般来说，可以采用相近色，营造统一、整体、稳重、含蓄、柔和的氛围；也可以用反差大的颜色，给人新鲜、明快和刺激的感受。一个空间中的色彩不宜太多，以避免杂乱无章。以一般的室内空间为例，应有一个主色调，主色彩最多应采用3种颜色，局部可进行灵活搭配，且空间中色彩的位置分布，一般遵循上浅下深的搭配方式（图3-6-1），可使空间具有稳定感；反之，空间会有浮动感和不安定感（图3-6-2）。

图3-6-1　上浅下深的空间效果

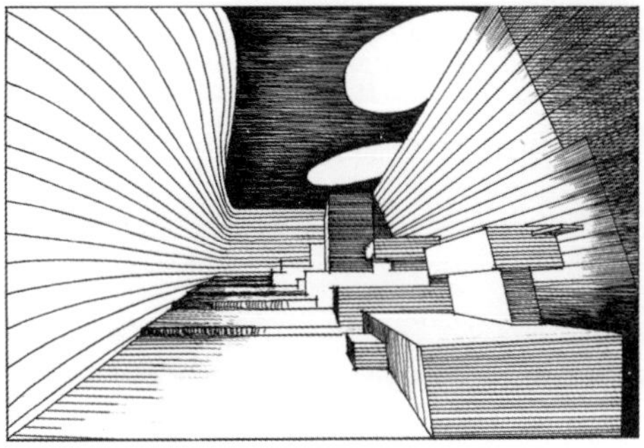

图3-6-2　下浅上深的空间效果

图3-6-3　美国芝加哥儿童医院皇冠空中花园

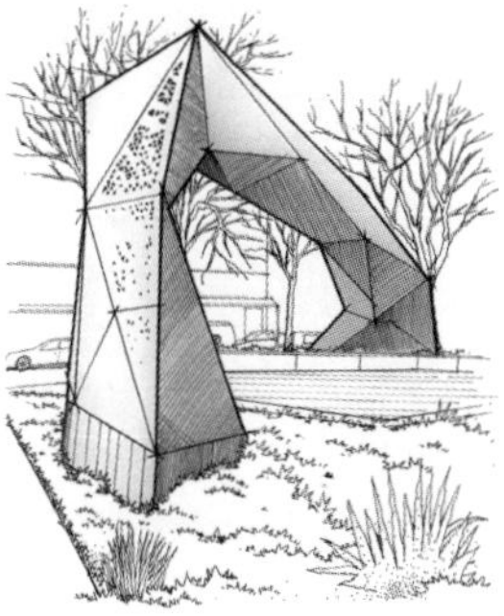

图3-6-4　美国西雅图喜庆公园红色构筑门

二、色彩的物理效应对空间感受的影响

色彩的物理效应可以创造出不同的温度感、距离感、尺度感和重量感，同时带来或积极或消极的感官刺激和情感体验，并且具有极强的象征意义。

色彩能给人带来直观的温度感，这种色彩的冷暖即色性，是心理因素对色彩产生的感觉。暖色可以使人产生温暖、欢乐、紧张、热烈和兴奋的情绪，会使人联想到阳光、晴天、火光等景物。冷色则使人感到宁静、安定、优雅、清凉或是沉着，使人联想到海洋、森林、夜晚等景物。

色彩的冷暖也会产生一定的空间进退感和距离感，甚至影响空间的尺度。暖色给人靠近、向前、膨胀的感觉，使空间显得亲切易接近；冷色给人远离、后退、收缩的感觉，使空间显得深邃、幽远。因此，两个大小相同的空间，运用暖色会使空间显得低小而亲切；而运用冷色则会使空间显得大，有距离感和疏远感。设计中常常运用这种冷暖的对比关系来加大空间的进深和层次感，即暖色在前，冷色在后，空间给人的视觉感受会比原本空间更深远。冷色也常用来降低环境高密度带来的城市拥塞感。

不同明度的色彩会使人产生不同的重量感受，明度高的色彩感觉轻，使人感到明快、兴奋；明度低的色彩感觉重，使人感到压抑、沉闷。

三、色彩的象征意义

此外，在空间设计中应充分注重色彩所具有的象征意义，这种象征意义除了色彩本身的意象之外，还往往通过人的经验认知而获得。如医疗空间通常为白色，有神圣、纯洁之意，使人感到安静、平和。但近年来也有不少医疗空间，特别是儿童医院、抑郁症康复医疗中心等特殊人群的医疗空间设计，开始注重空间色彩对人心理的影响作用，通过空间中的色彩设计对病人的疗愈起到辅助作用（图3-6-3）。当然，不同国家、民族、社会、地域对同一种色彩的象征意义也可能存在很大差别。如红色在西方文化中有牺牲、战争之意，而我国传统文化中的红色则代表了吉祥、喜庆之意（图3-6-4）。

总之，合理而适当地运用色彩可以使空间的氛围产生意想不到的效果。若要通过色彩使空间产生适当的美感，需要考虑空间的功能、性质、所处环境和文化背景，并与人的心理需求、人在其中的活动特点以及人停留时间的长短等相适应。

第七节　空间与光线

柯布西耶在《走向新建筑》中说到："建筑艺术是在光照条件下对体量的巧妙、正确和卓越的处理。"在他看来，光不仅是一种影响空间的因素，更是塑造空间的重要手段。

一、光线对空间形体的塑造

人们常说建筑是光与影的艺术，光线是塑造空间最好的造型师。因为没有光线就没有色彩，没有光线就感受不到真实的空间。

光通过对体块、轮廓、结构等内容的照射，决定并增强了形的效果，影响了人对形体、色彩存在的整体印象。光作用于形体产生光影，光影强调了空间特征，增强了空间的透视效果和体量感，并将某些角度看不到的要素通过光影反映出来（图3-7-1、图3-7-2）。

完整的界面能够形成完整的阴影，线要素通过其组织变化，能形成具有光线穿透力的空间界面，塑造出丰富多彩的光影效果，给人强烈的视觉冲击力。不同界面材质因其对光线穿透性的不同而具有不同的表现力。光线还能增强或削弱不同质感界面材质的视觉感受，从而对空间形体的塑造产生直接影响。如当磨砂玻璃、玻璃砖等作为一个完整实体界面限定空间时，正是因为光线的作用，使人产生了视觉的通透性，才取得了扩大空间、隔而不断的视觉和心理效果。

另外，合理地利用光线还可以起到划分空间、引导人流等作用（图3-7-3）。

二、光线对空间氛围的影响

光的亮度、色彩、位置是影响空间气氛的重要因素。

强光常用来渲染热烈、红火的气氛，可以起到激发、鼓舞或刺激的作用。按照功能的需要，强光一般仅在重点部位使用，以突出主体空间，不宜大面积运用。弱光可以用来渲染温馨、浪漫、平和的空间气氛，使空间显得宁静、优雅。

暖光使空间显得温暖、祥和、欢乐，冷光使空间显得严肃、清纯、安静。多彩照明常用在热闹的场所，炫目的光线给人视觉上的刺激和快感。

光线可以分为人工光线和自然光线。其中人工光线产生于人工照明，既可以用来照亮被界面所围合的内部空间，又可以改变空间的视觉形态，渲染出空间层次。而自然光线将变化的天空色彩、云层和气候传送到它所照亮的空间外表面的形体上，建筑的外观在很大程度上是依靠自然光的渲染才使视觉效果变得丰富多彩。自然光随着气候和时间的变

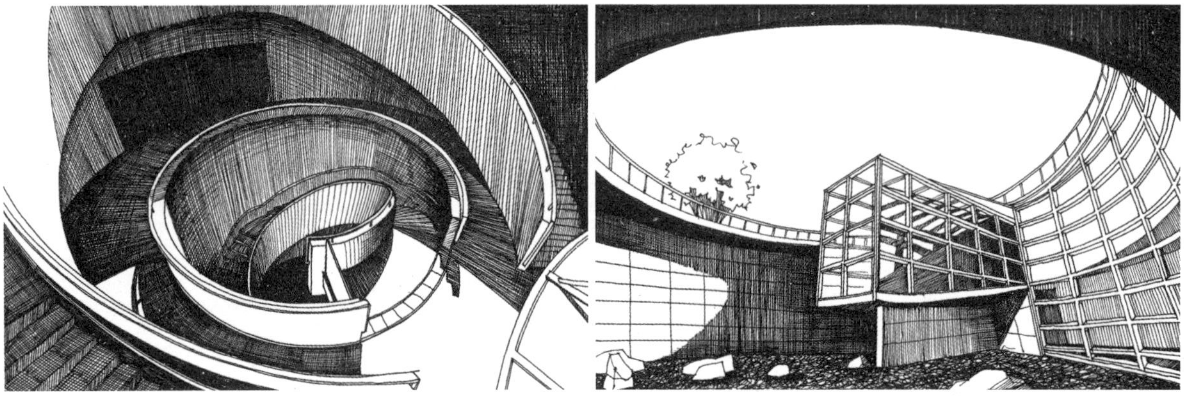

图3-7-1　建筑光影空间（日本神户兵库县立美术馆）

图3-7-2　被光线聚焦的空间（南京大报恩寺遗址博物馆）

图3-7-3　顶部或地面光带引导的室内空间

化而产生变化，这就带来了丰富多变的光影效果。景观空间的视觉形象和氛围意境也很大程度上受到不同自然条件、天气下的光线的影响。

对于内部空间来说，自然光线的射入必然需要通过界面来实现。于是，界面及其孔洞的形态、色彩、材质等便成为影响光照效果的重要因素（图3-7-4）。落地玻璃窗、玻璃幕墙、大面积的门窗孔洞等通透界面，使空间氛围显得明快、敞亮、开放、自由，小面积的开窗孔洞，则使空间氛围显得封闭、幽静、充满神秘质感。贝聿铭曾说过“让光线来做设计”。在他所设计的美国华盛顿美术馆中，自然光被不同大小的三角形玻璃屋顶引入室内中庭，营造出丰富多变的光影效果（图3-7-5）。入口广场上利用三角形玻璃雕塑及水景，将室内外不同高差的空间用天窗光线和水景紧密地联系在一起（图3-7-6）。柯布西耶设计的朗香教堂，巧妙地利用光线使其成为世界上空间最为震撼、最具表现力的建筑之一。建筑外立面上开有大大小小的窗洞，这些窗洞在内部空间界面上得到放大，光线经过宽大的窗洞和粗糙的白墙得到反射，加上彩色玻璃的视觉效果，营造出独特的空间氛围（图3-7-7）。日本建筑师安藤忠雄设计的光之教堂，在建筑立面上开设了一个十字架形窗洞，营造了特殊的光影效果和空间氛围（图3-7-8）。

图3-7-4　日本札幌真驹内泷野墓地公园

图3-7-5　美国华盛顿美术馆中庭

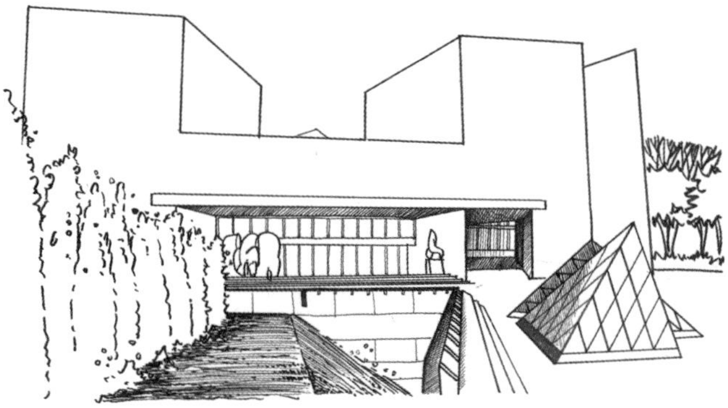

（a）地面雕塑

（b）负一层空间

图3-7-6　美国华盛顿美术馆地面与地下连接

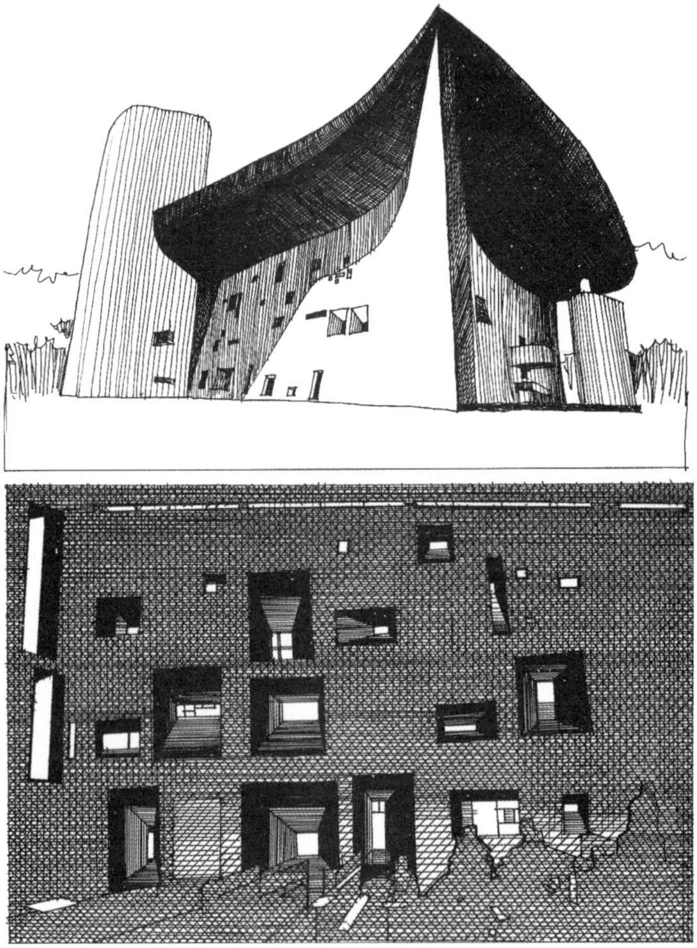

图3-7-7　法国朗香教堂

图3-7-8　日本大阪光之教堂

第四章

空间设计课题进阶训练

第一节　空间认知训练——空间图解

创造空间的前提是对空间能够进行准确、理性地认知，认知的前提又是能够发现空间。这就要求学习者对空间有足够的敏感度。正如前面讲到，环境设计所涉及的空间是由有形或无形的各种结构、材料、色彩所限定的。人在认知空间的过程中，难免受到各种形式要素和外界因素的干扰，如色彩、材质、肌理、光线、心情等，这往往使我们不容易发现空间最本质的形状和构成方式。因此，空间发现和空间认知训练就显得尤为重要。

空间的发现，需要学习者能整合前面讲解的空间理论知识，并将其与日常生活空间紧密联系起来，增加空间经验，增强空间体验。空间的认知，需要发挥艺术学的特点，运用空间设计图解的方法，理性客观地来解析和发现空间。

图解，即用图形来解读空间。相对文字而言，图形具有更加直观、清晰的特点，能表明空间解析的过程及空间结构与逻辑关系，能够将人的思维想法清晰地呈现出来。通常来说，图解方法有空间尺寸测绘图、空间尺度示意图、不同角度解析空间的分析图、空间透视图和草图等。其中，各种分析图尤为重要，具体又包括区位分析、场地分析、环境分析、功能分析、交通流线分析、使用需求分析、空间组合分析、动静分析、开合分析、视景分析等，根据不同设计需求，各有侧重。

培养目标

该课题强调空间学习的基础性，考查学生对空间概念和理论知识的理解力。一方面，培养学生发现和观察空间的洞察力和感受力；另一方面，要求学生运用所学的理论知识系统深入地认知空间形态及其构成关系；同时还能有效地训练学生的分析图解能力和徒手表达能力。

作业要求

寻找身边的建筑或景观空间，充分运用手绘图解的方法对其进行空间解析。对象要求简单、明确，可以是某单个空间，也可以是多个空间的简单组合。

（1）先以线描方式记录实地场景。透视图或轴测图均可，应着重表现对象空间的特点，摒弃不直接构成空间的辅助元素。

（2）对空间平面进行简单测绘，不需要尺寸精确，但要对空间的比例、尺度有基本准确的把握。能够绘制出制图规范、尺度准确的测绘图。

（3）对所测绘空间进行图解分析。可以从空间构成、交通流线、日照分析、通风分析、比例尺度等方面进行空间特点和空间构成要素的分解，尽可能地运用图解的方式认知空间。

（4）将分析重点放在空间本身，而非空间界面的色彩、材质及具体细节形态。

一、案例一：校园图书馆空间

1. 设计分析

该案例为校园图书馆空间设计解析，主要针对较有特色的主入口、次入口、入口中庭与内部阅读中庭空间进行设计分析（图4-1-1~图4-1-5）。

图书馆的主入口与整个校园的主入口在同一条轴线上，形成空间序列。主入口通过巨大的结构柱列和基面抬升的方式形成入口空间，产生“欢迎进入”的空间感。进入建筑内部，首先映入眼帘的是四层挑空的入口中庭。入口中庭为整个图书馆建筑的核心连接空间，是由钢结构玻璃屋顶覆盖的矩形空间，其南北两侧有突出的钢结构交通空间，底面采用抬升景观水体的方式进行了形式限定。图书馆的次入口通过基面抬升的方式进行空间限定，并借助两侧墙体和巨大的雨棚围合成“U”形灰空间。图书馆内部的阅读中庭为方形的规整空间，钢结构玻璃屋顶保证空间采光，四周界面为完整连续的柱廊，楼梯作为垂直交通连接打破了矩形的严肃氛围。

2. 分析提示

可重点对空间秩序、空间尺度、空间功能及其之间的关系进行分析。

3. 设计思考

（1）主入口空间和次入口空间的尺度及设计方式有何异同？分别带给人怎样的空间感受？

（2）两个中庭空间对人的观察视线起到怎样的作用？

（3）入口中庭和阅读中庭在空间设计的哪些方面不同？为什么这样设计？

4. 实训示例

如图4-1-6~图4-1-12所示：

图4-1-1　图书馆入口轴线

图4-1-2　图书馆主入口

图4-1-3　图书馆次入口

图4-1-4　图书馆入口中庭

图4-1-5　图书馆内部阅读中庭

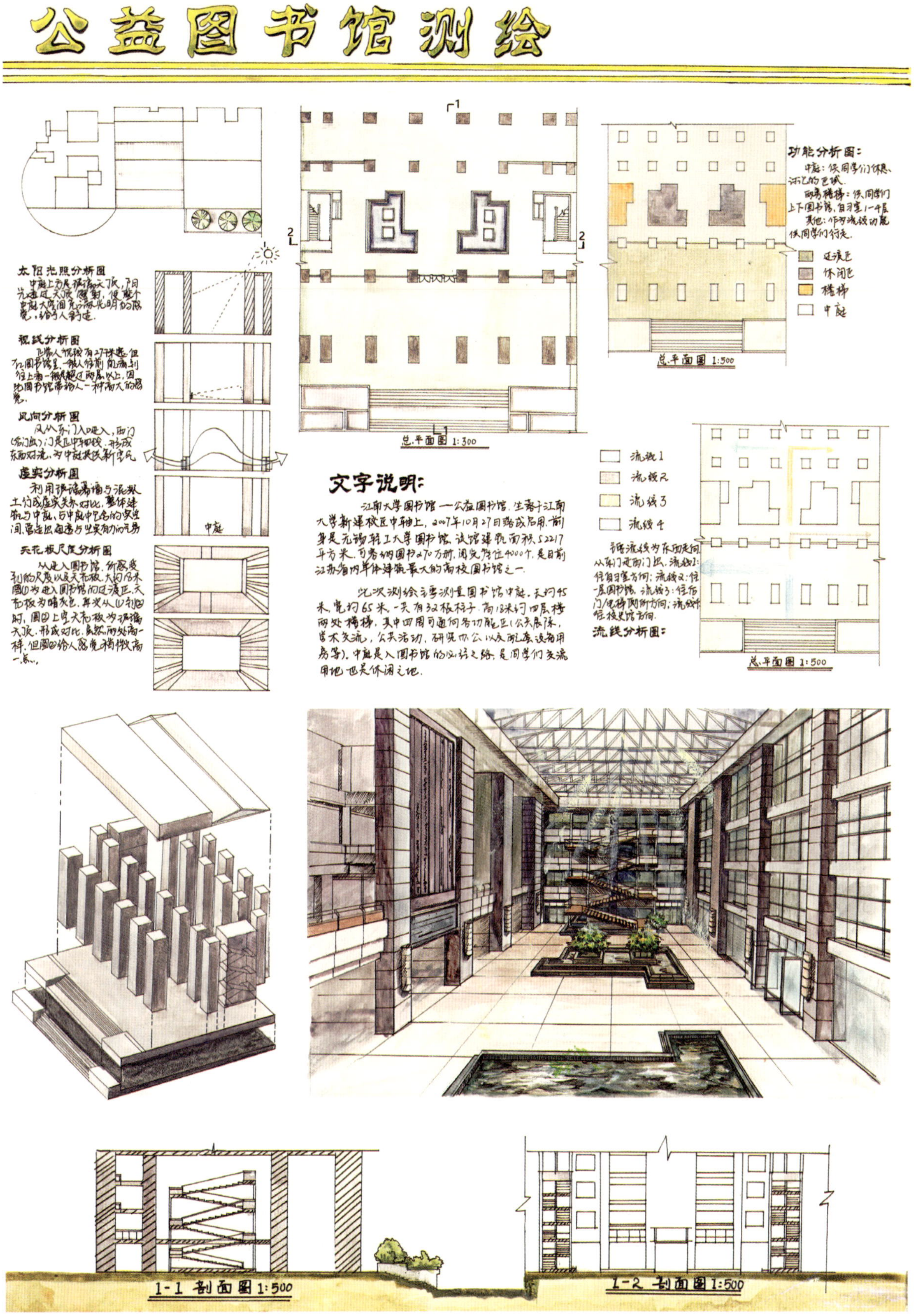

图4-1-6 图书馆主入口及入口中庭解析（作者：王馨曼）

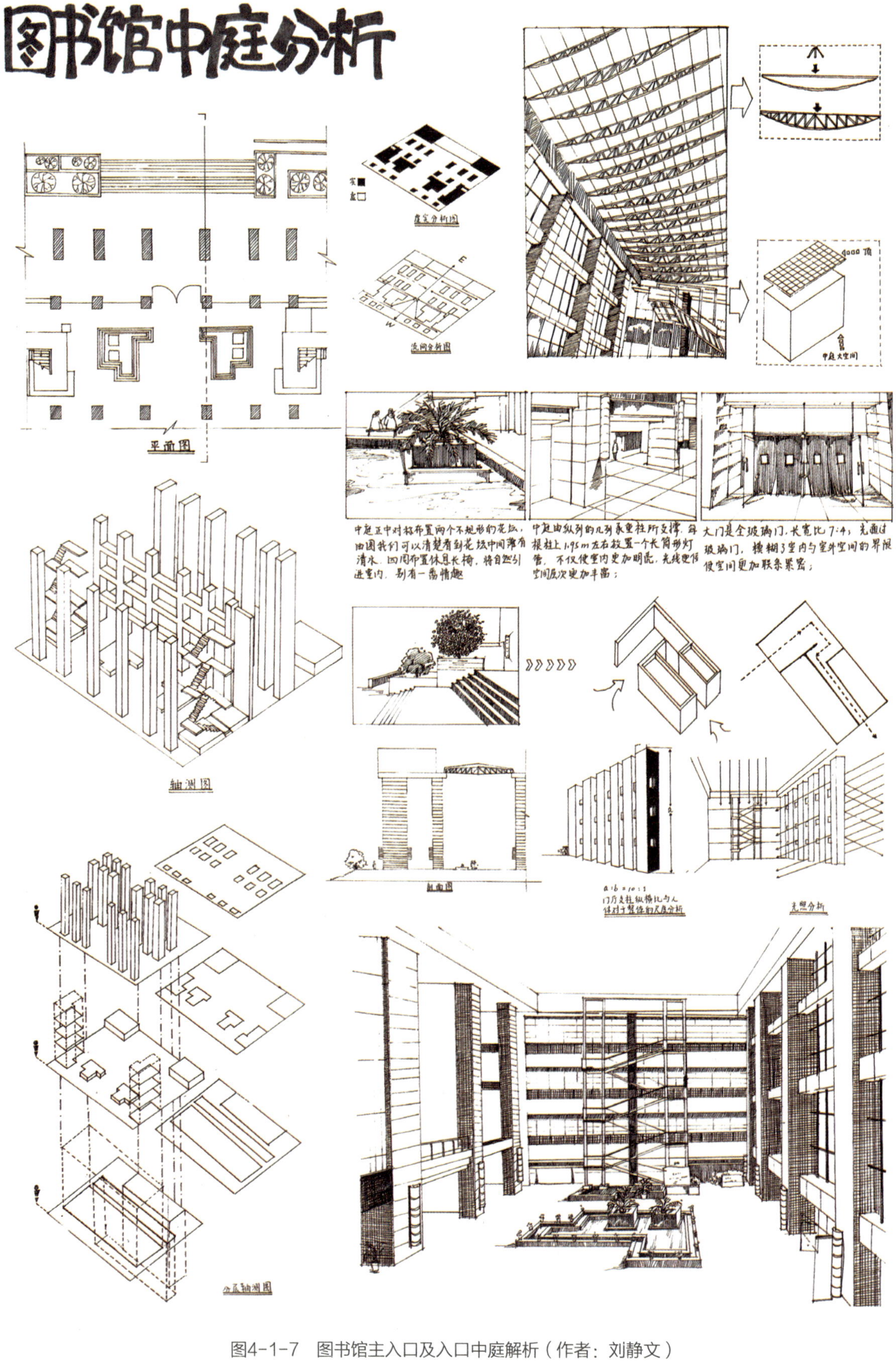

图4-1-7　图书馆主入口及入口中庭解析（作者：刘静文）

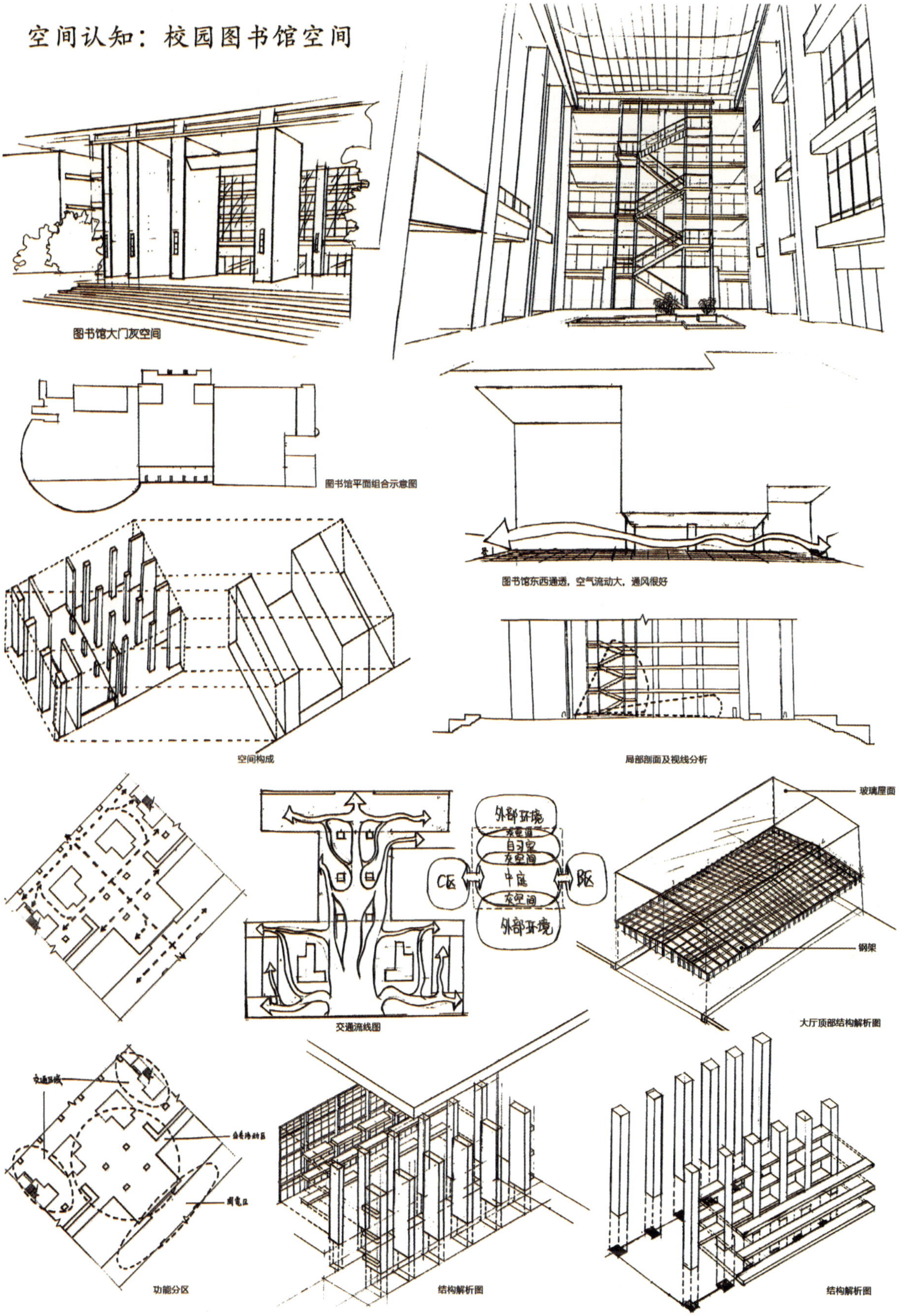

图4-1-8　图书馆主入口及入口中庭解析（作者：朱迪、李雨菲）

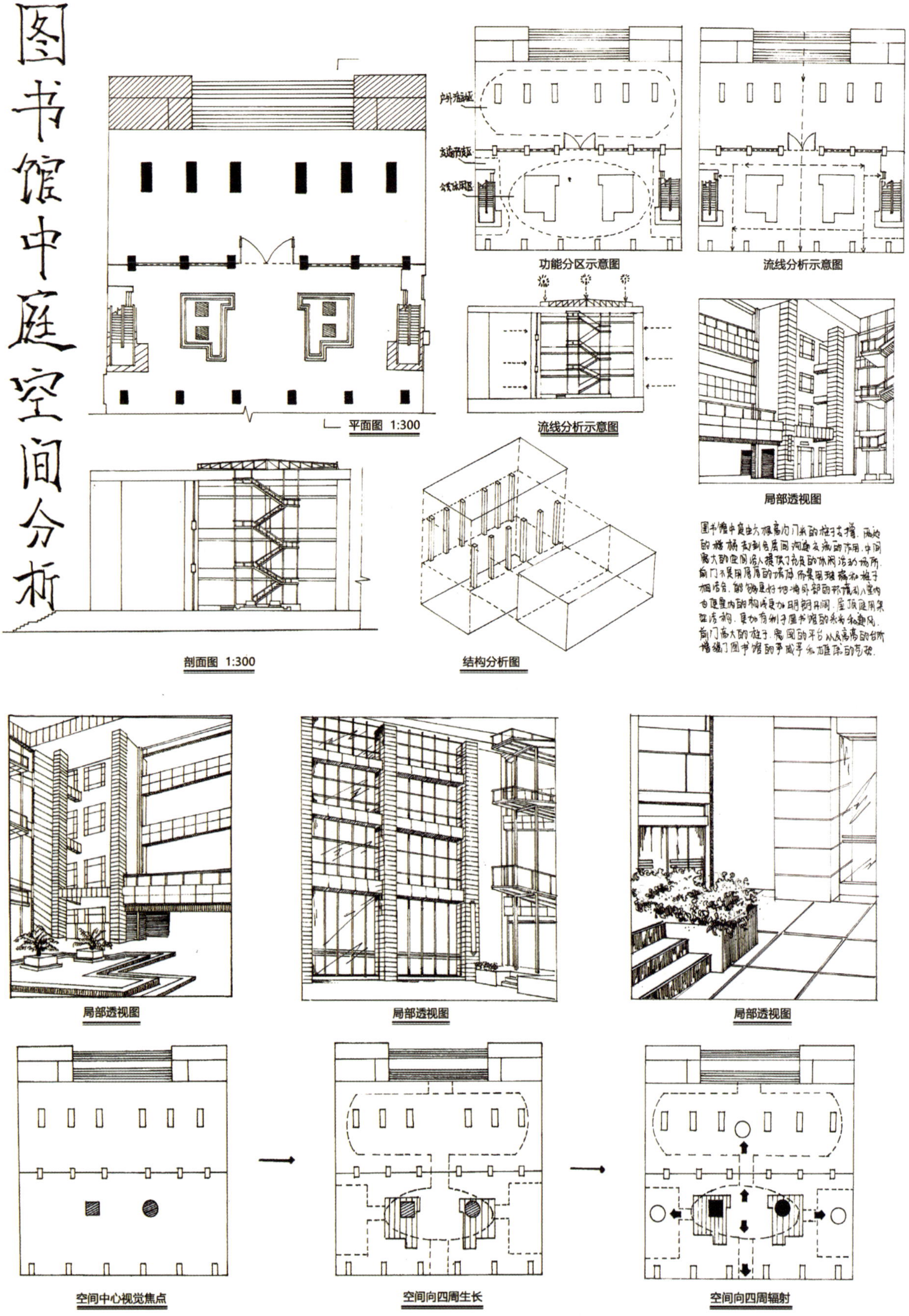

图4-1-9　图书馆主入口及入口中庭解析（作者：彭宬铖）

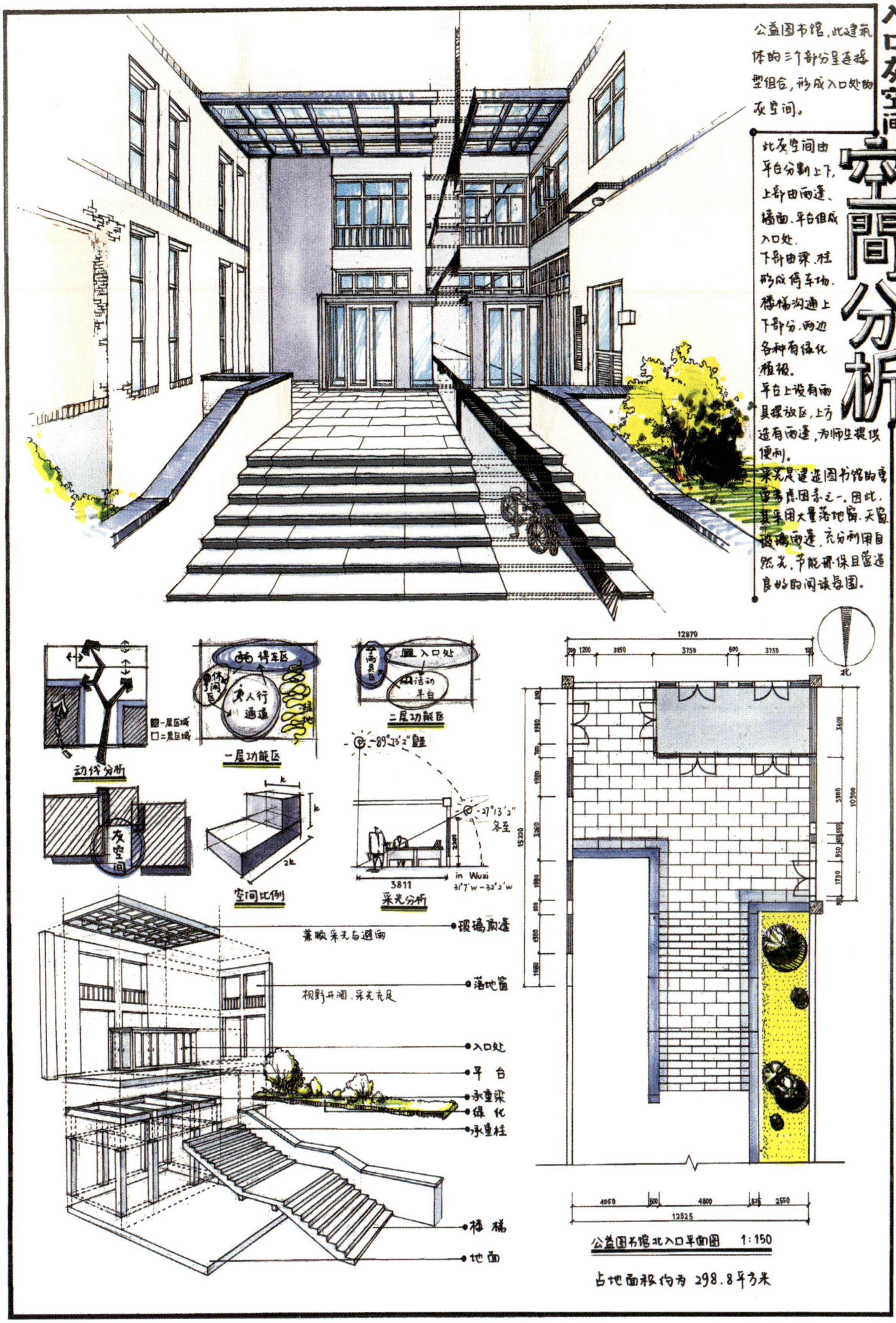

图4-1-10 图书馆次入口解析（作者：范雨嫣）

空间设计

图书馆

此次课程作业我选取了公益图书馆北入口处进行空间分析，首先该入口是由三个空间组合形成的连接型的灰空间，该入口由两层台阶进入，台阶下有一个小型的地下车库，充分利用了剩余空间，台阶上是一个入口平台，此处也是人流活动最频繁的区域，设有4个主要出入口，避免高峰期拥挤。在入口上面架有钢结构和玻璃组合而成的大型雨篷，与江南多阴雨的天气相适应，为平台上的出入人员提供了一个很好的避雨场所。

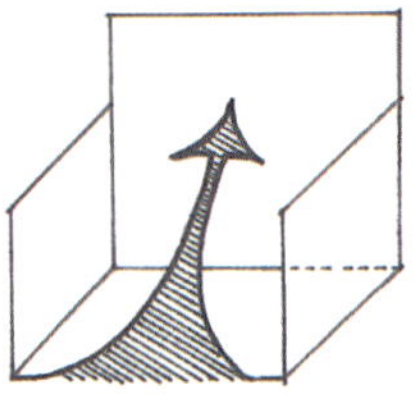

空间分析图

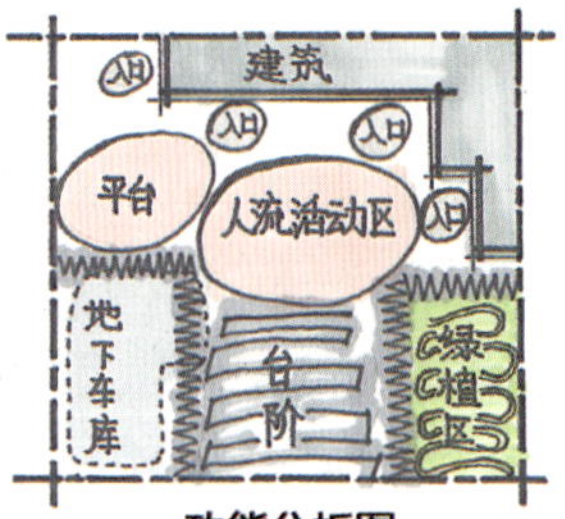

功能分析图

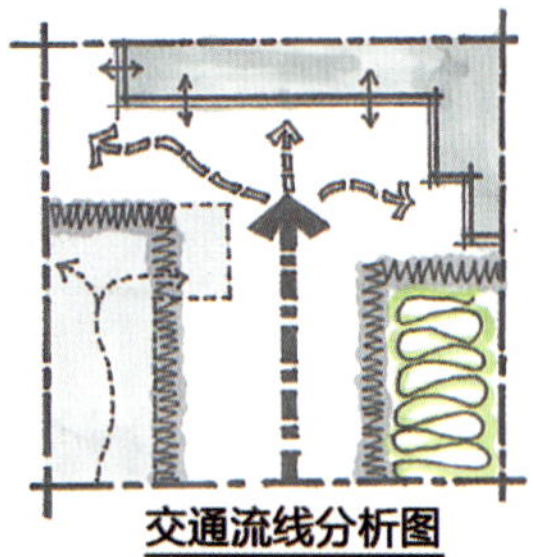

交通流线分析图

主路线 次路线

地下车库路线 出入口

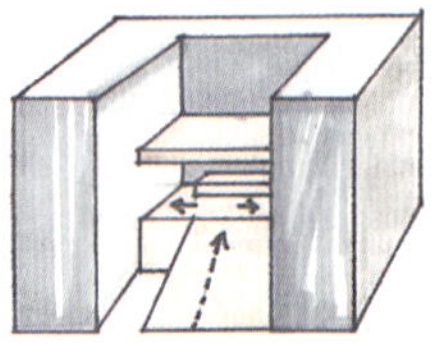

连接型空间结构

透视剖切效果图

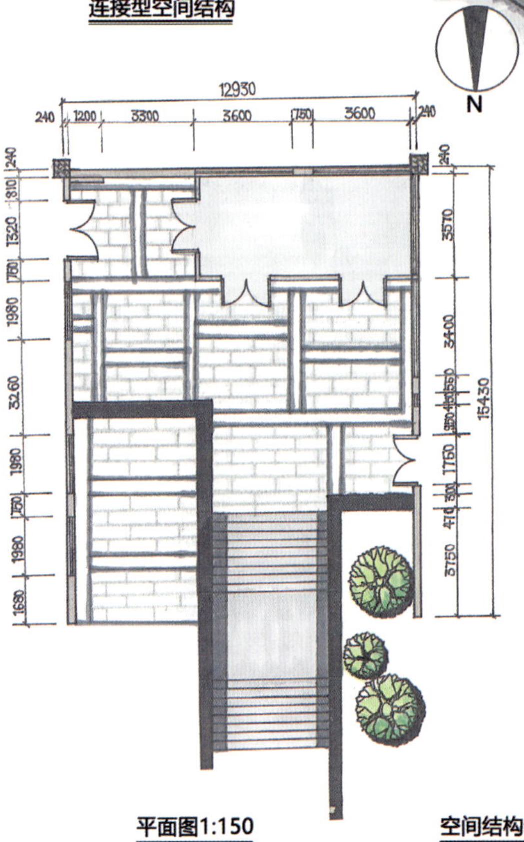

平面图1:150

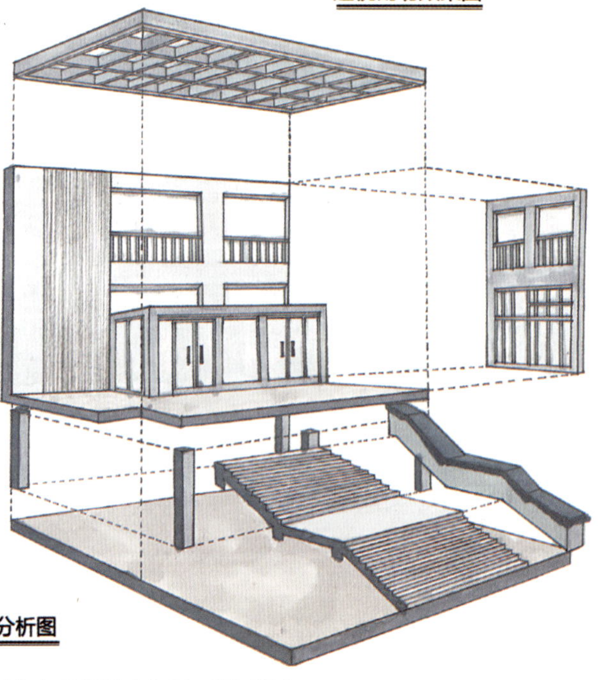

空间结构分析图

图4-1-11　图书馆次入口解析（作者：彭晨曦）

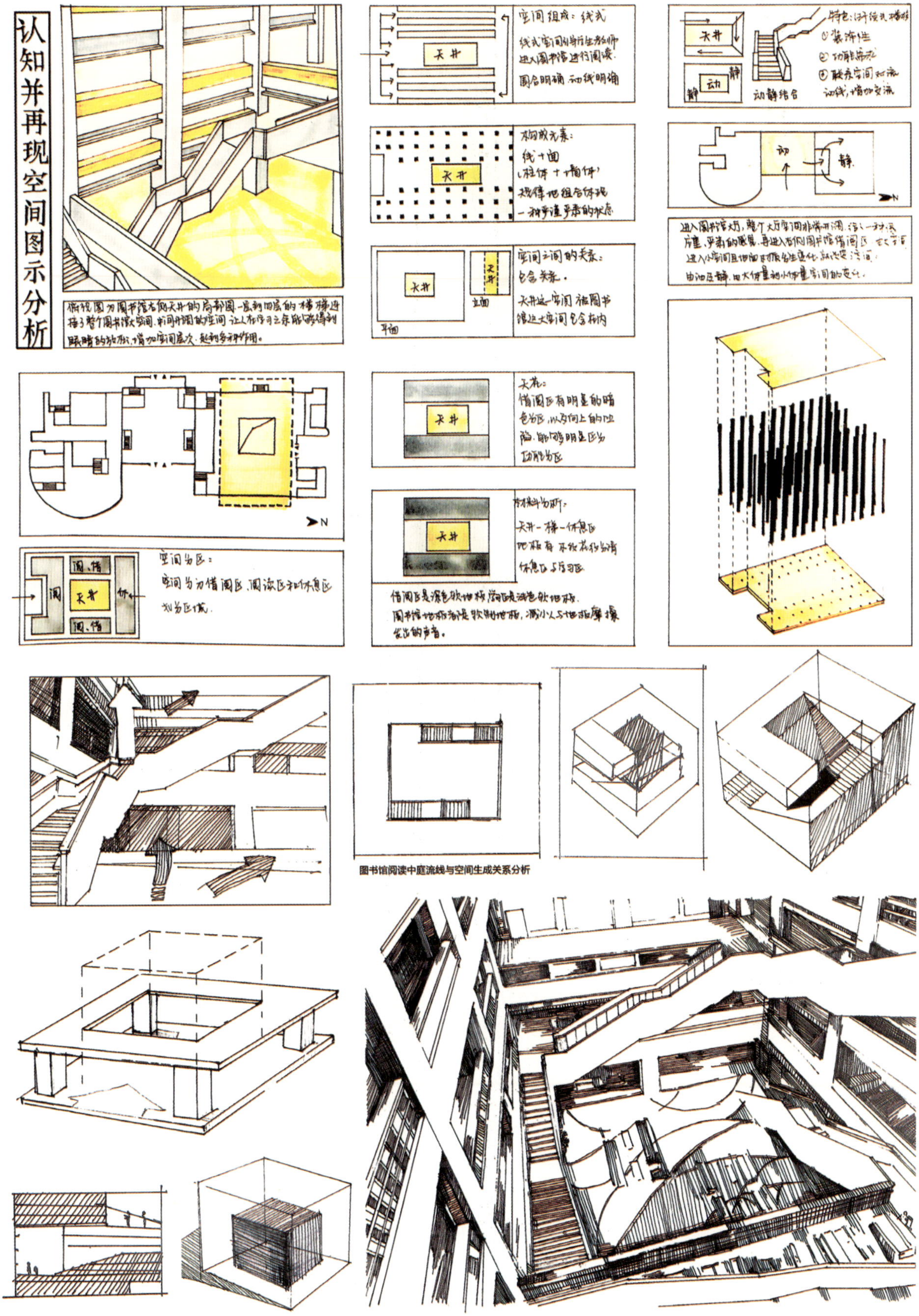

图4-1-12　图书馆阅读中庭解析（作者：罗颖）

二、案例二：设计学院大楼入口及大厅空间

1. 设计分析

该空间为设计学院大楼主入口（图4-1-13、图4-1-14）。建筑入口的空间组合较为复杂，是用“桥”的概念进行空间的连接。入口内外均为二层挑空空间，类似“桥”的连廊在二层高度连接了东西两侧的教学楼，同时“桥”也贯穿了室内外空间。建筑入口大厅的空间形态为梯形，入口的垂直界面与两侧墙面呈斜向夹角。倾斜的垂直界面朝向外部人群进入的方向，使入口空间与室外人流方向保持较良好的对话关系。

2. 分析提示

“桥”空间的连接作用、空间垂直界面的位置和形式。

3. 设计思考

该教学楼特殊的进入方式及形成的入口空间，与通常的对称式入口布局相比，在空间使用和感受上有何不同?

4. 实训示例

如图4-1-15、图4-1-16所示：

图4-1-13 设计学院大楼主入口

图4-1-14 设计学院大楼大厅

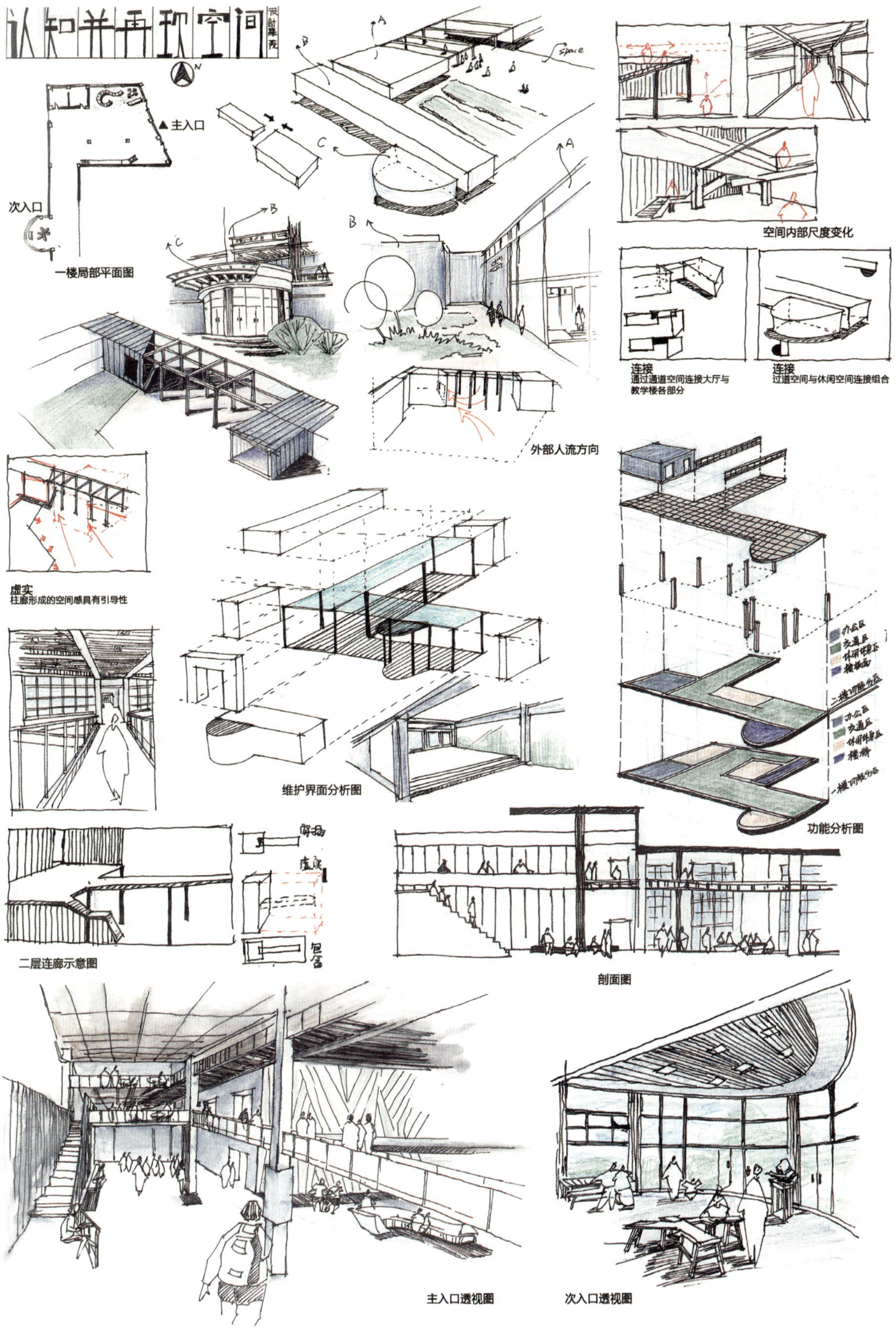

图4-1-15　设计学院大楼入口及大厅空间（作者：郭洁）

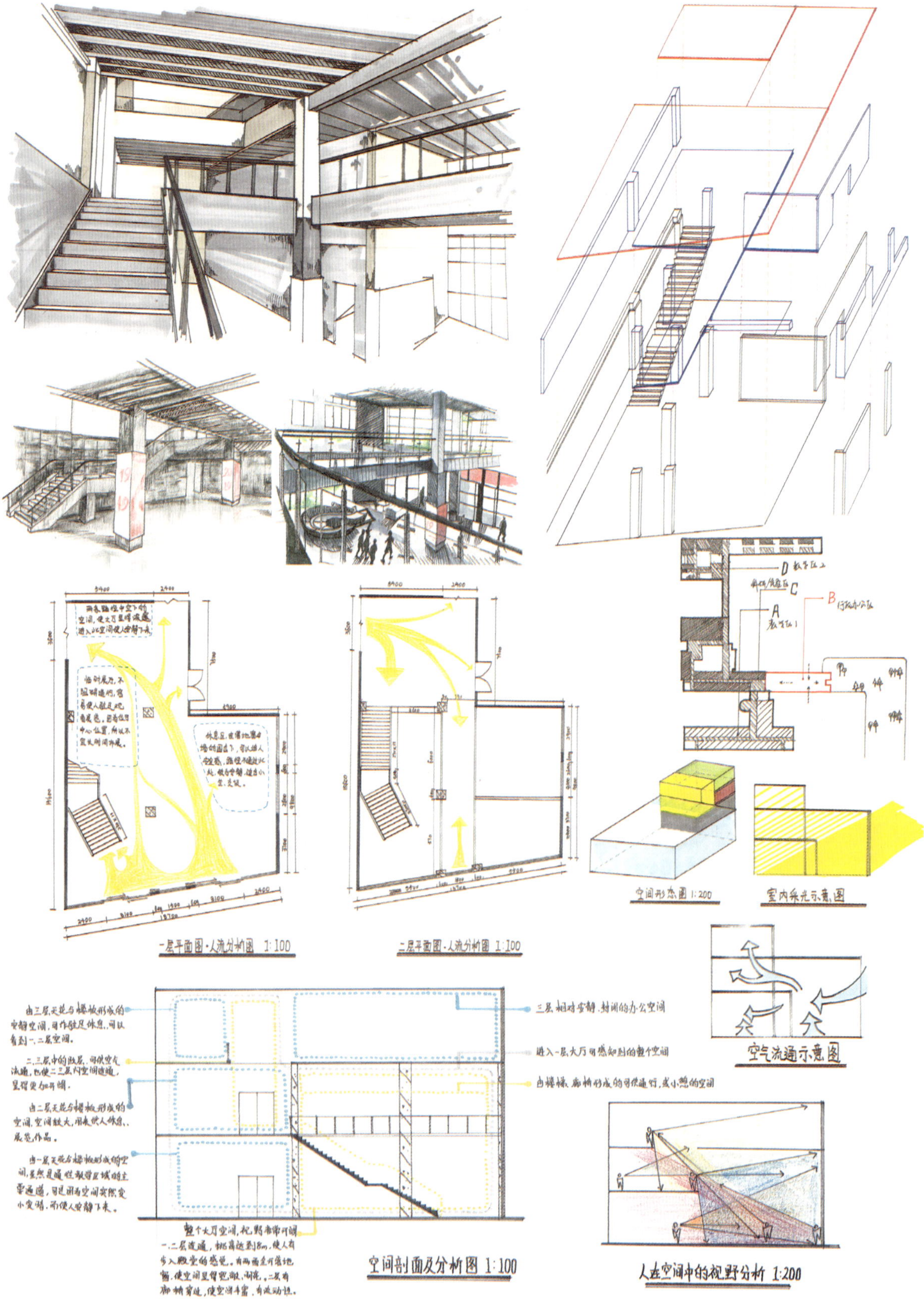

图4-1-16　设计学院大楼入口及大厅空间（作者：王姝凝、张之栩）

三、案例三：第一教学楼中庭院落空间分析

1. 设计分析

第一教学楼的室外中庭院落空间为该教学楼内部最大的疏散空间和公共空间（图4-1-17、图4-1-18）。四周有五层高建筑界面围合，空间形态为较完整的矩形，局部交通空间向庭院方向凸出。中心庭院由三个抬升的景观平台及部分绿植形成景观主体，限定了场地中的三个休闲空间，整体空间形态和功能较为简洁，是教学楼重要的疏散空间和活动空间。

2. 分析提示

重点分析空间构成、交通流线、视线组织、围合中庭空间的各个界面等内容。

3. 设计思考

（1）建筑中庭空间的作用是什么?

（2）如何使中庭空间具有复合功能和特性?

（3）公共空间的中庭为何采用如此简单的景观元素来营造空间?

（4）是否适宜进行更加复杂的形式设计?

4. 实训示例

如图4-1-19～图4-1-22所示：

图4-1-17　第一教学楼中庭1

图4-1-18　第一教学楼中庭2

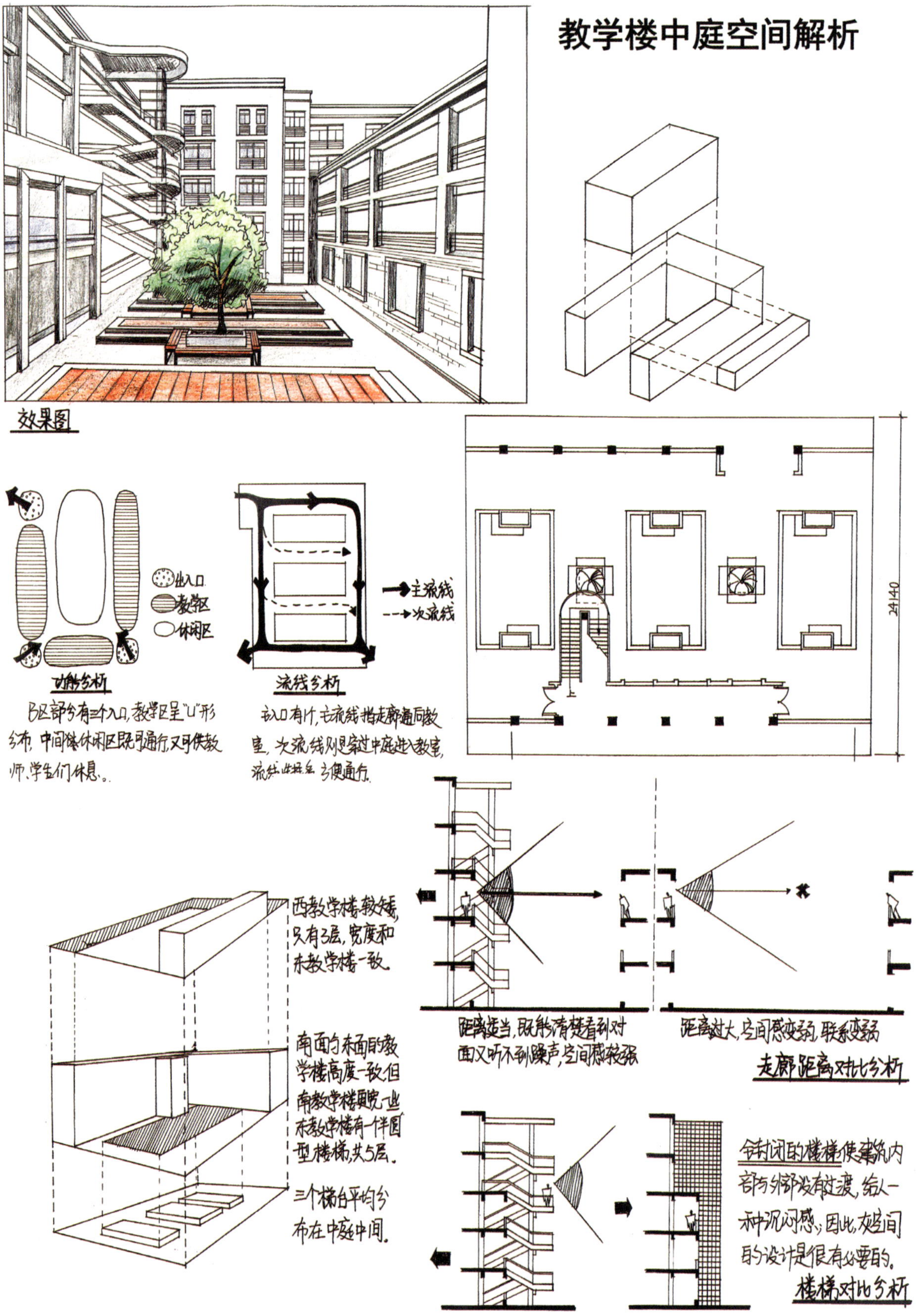

图4-1-19　第一教学中庭空间解析（作者：王翠萍）

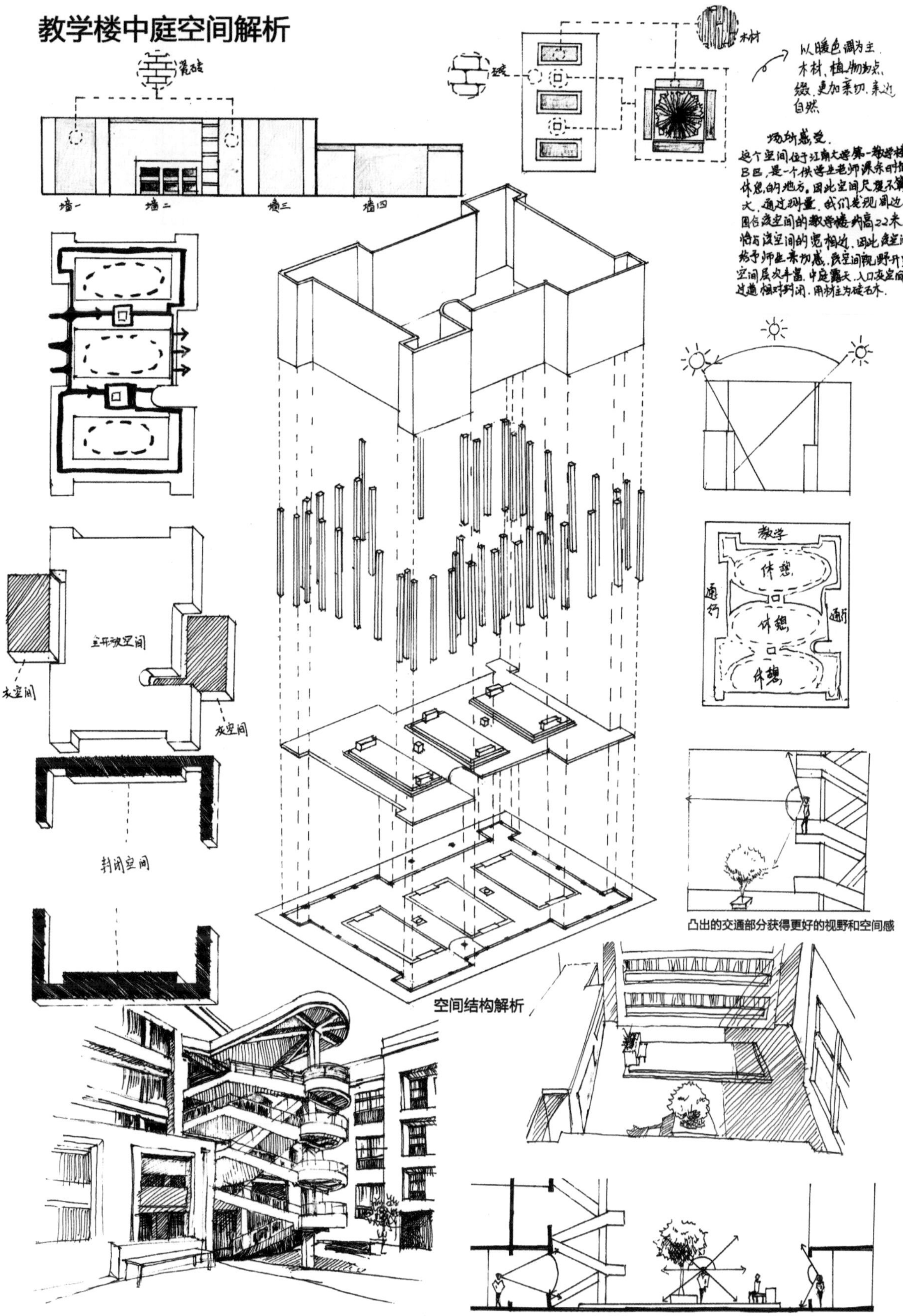

图4-1-20　第一教学中庭空间解析（作者：刘婧）

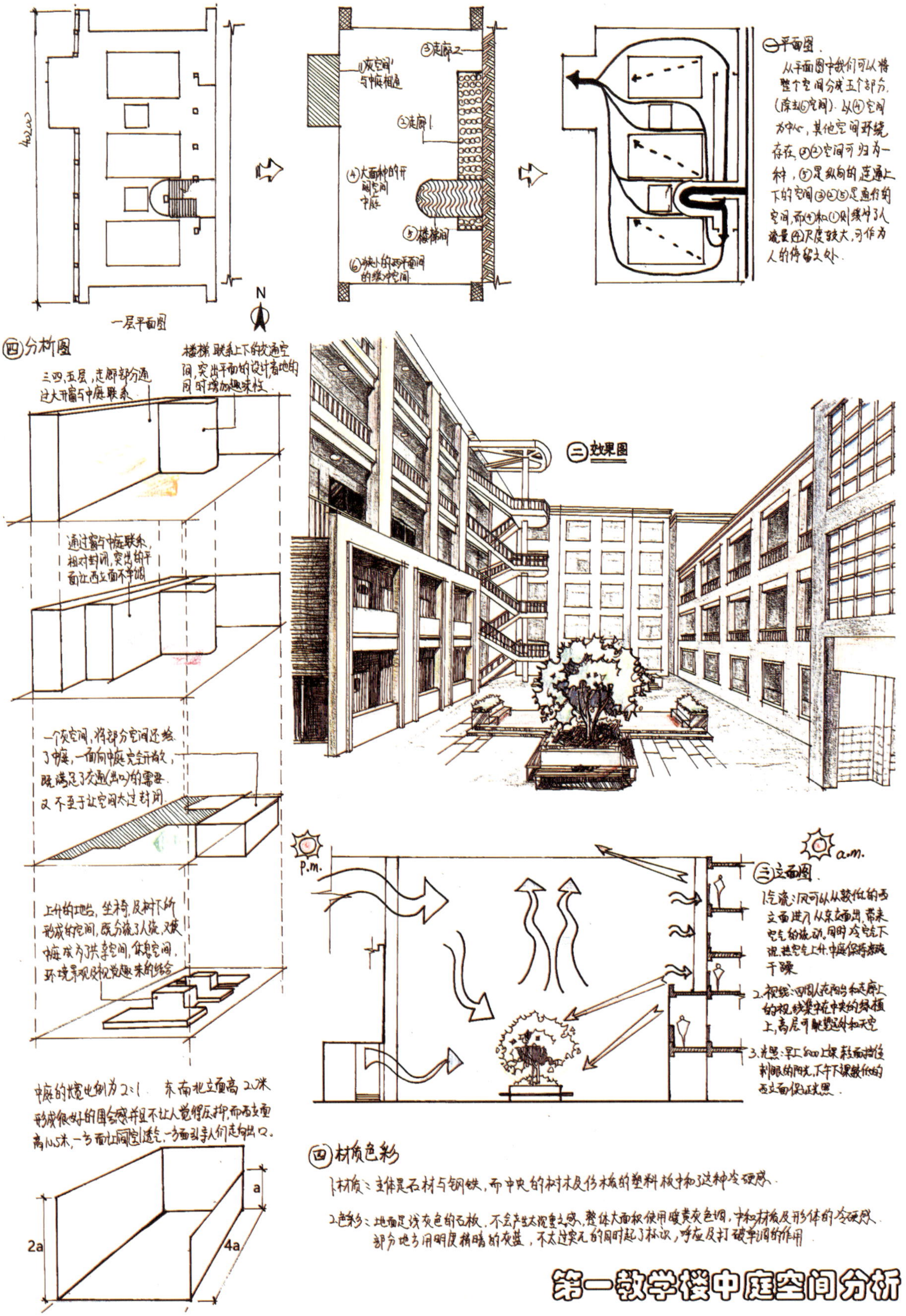

图4-1-21　第一教学中庭空间解析（作者：祁渝佳）

第一教学楼
中庭空间
图解分析

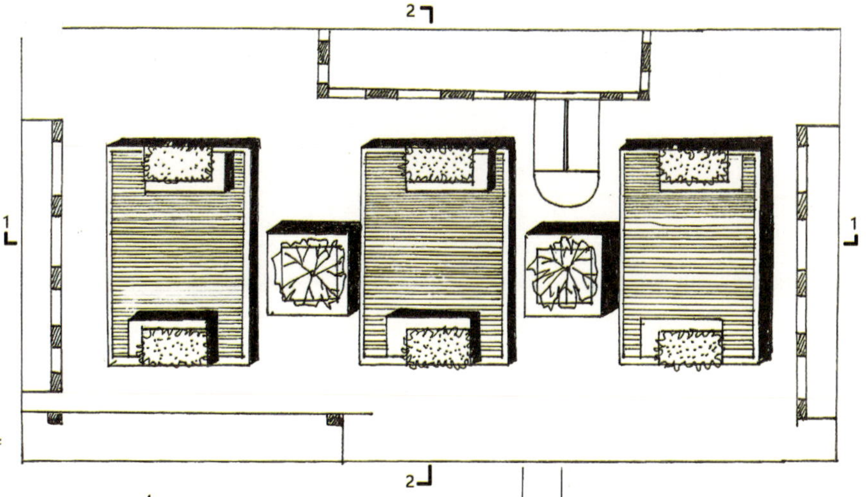

平面示意图

中庭效果图

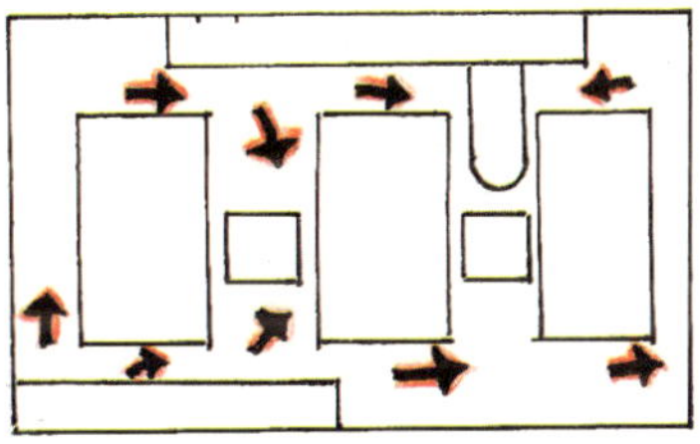

交通流线图

升起的三个小空间起到分隔空间和组织交通的作用

休息空间

升起的三个小空间形成了三个休闲部分

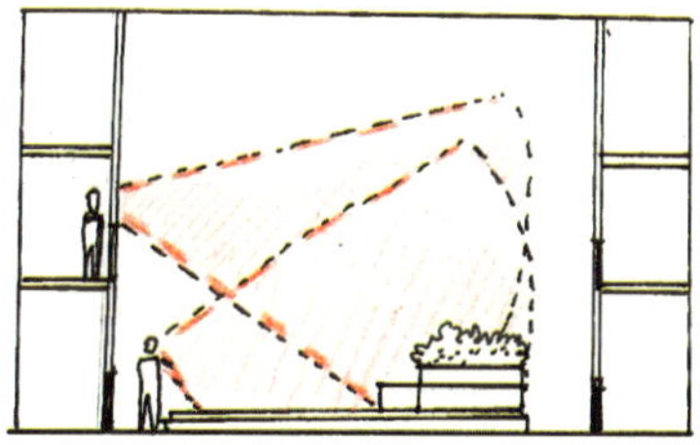

视线分析图

通透的视线能够沟通内部庭院各个部分

2-2剖面图

1-1剖面图

图4-1-22　第一教学中庭空间解析（作者：林巧欣）

四、案例四：某教学楼入口空间

1. **设计分析**

该空间为某教学楼入口，教学楼建筑围合成“L”形的入口空间，由宽大的入口平台和景观植物要素构成空间（图4-1-23、图4-1-24）。整个入口空间进行了基面的抬升，地下为停车空间。该空间构成较为简单明了，属于典型的通过景观空间进入建筑的功能组织方式。

2. **分析提示**

可重点分析空间位置和组合关系、垂直空间、视线分析和界面围合方式。

3. **设计思考**

（1）公共建筑的入口空间在设计时应考虑哪些因素？

（2）抬升的入口平台起到怎样的空间作用？

（3）入口抬升、入口平入和入口下沉三种方式分别适用于怎样的建筑功能，带来何种空间感受？

4. **实训示例**

如图4-1-25、图4-1-26所示：

图4-1-23　某教学楼入口空间1

图4-1-24　某教学楼入口空间2

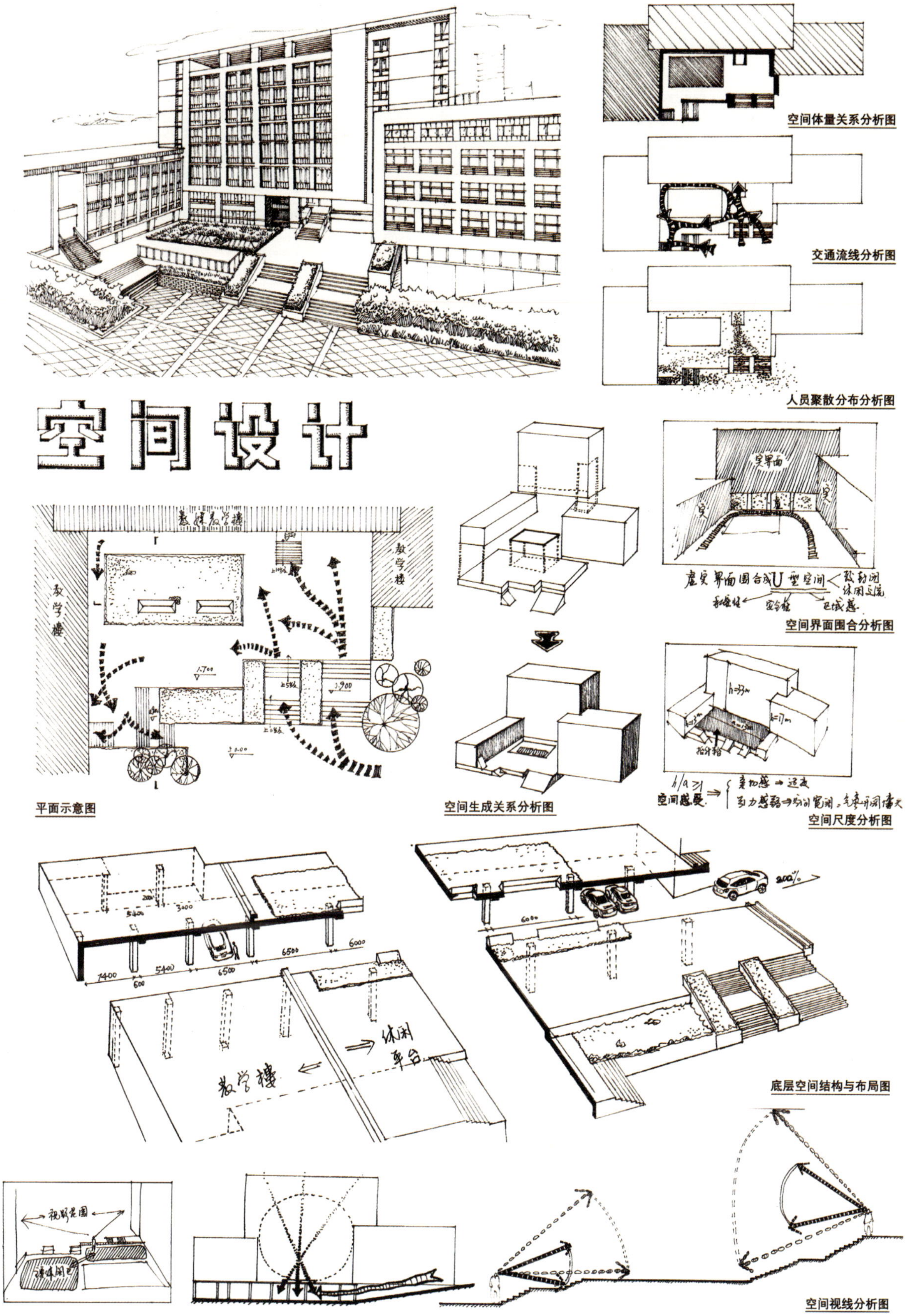

图4-1-25 某教学楼入口空间分析（作者：邢兆连、周潼）

空間解析

此空间为江南大学数字媒体学院与商学院之间的一公共空间。其地上部分为广场，并抬升至一人的高度以与商学院前之广场相区分开。地下部分为车库，并通过天窗与地上部分相联系。

空间南临数媒大楼，并与楼间有约一米宽的间隙。南面、西面有楼梯可通往建筑内部。整体面积较为宽广，构成要素简洁，布局合理。从功能上来看，广场构成了数媒大楼前的一前导性空间，并与两侧翼楼相呼应，具有连结交通线、增强秩序感等作用。此空间比例尺度得当，富有变化，层次分明，并通过楼梯上下错落交通起到引导与过渡作用。

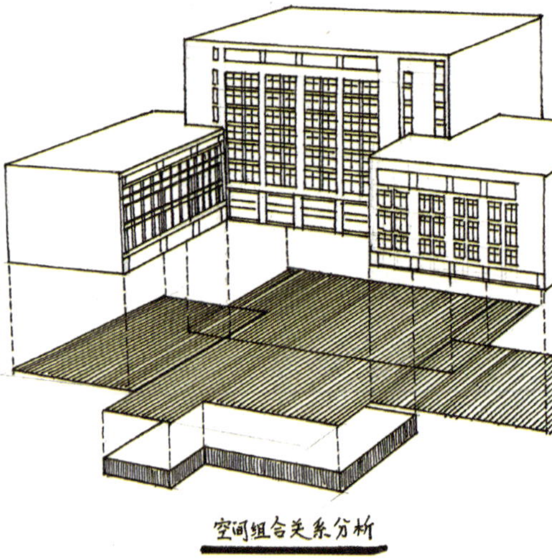

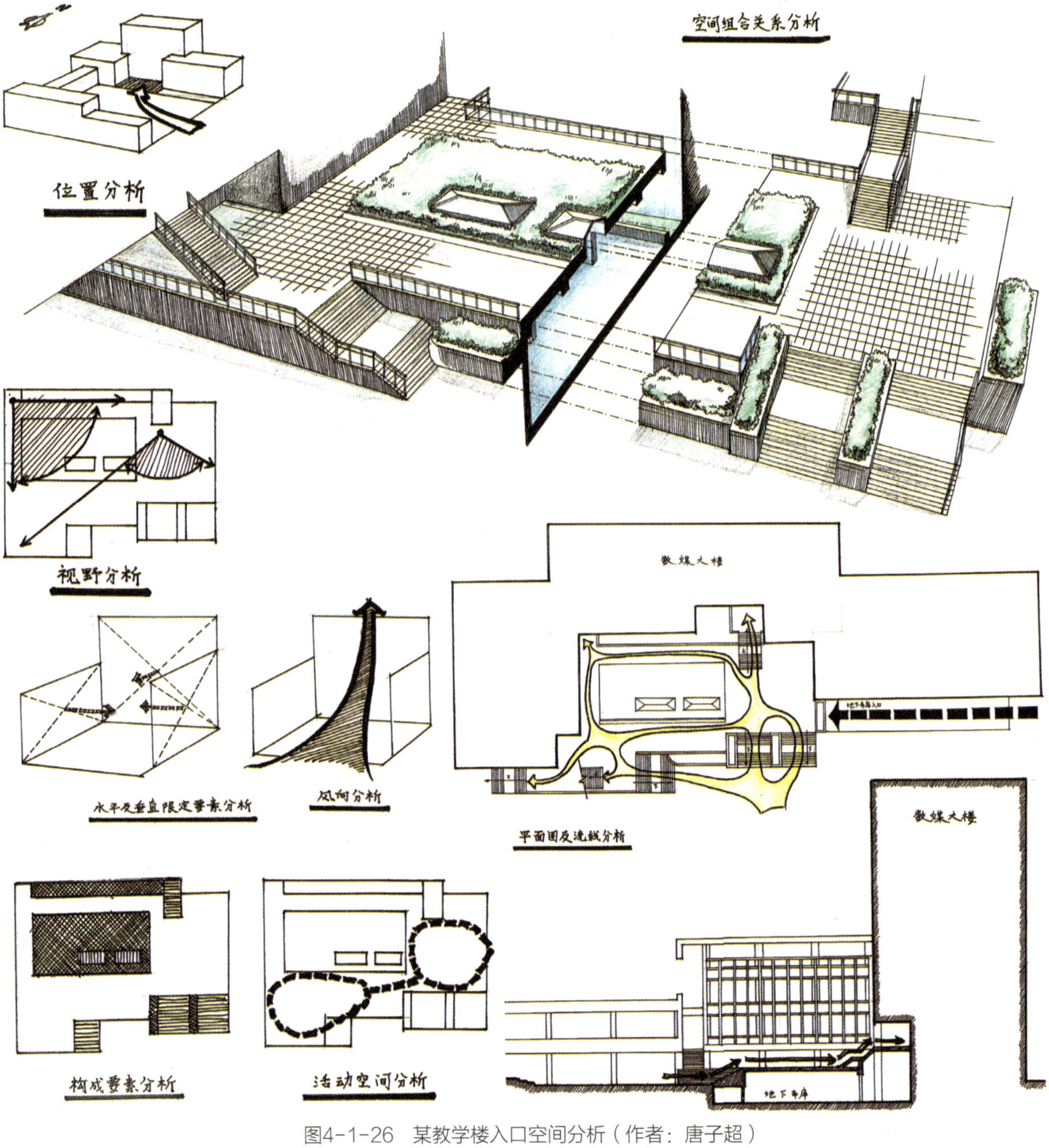

图4-1-26　某教学楼入口空间分析（作者：唐子超）

五、其他案例

（1）图4-1-27为校园食堂的二层用餐空间解析。功能性是此类空间设计中首先要考虑的因素。该建筑整体为矩形空间，内部具体功能包括用餐区、取餐区、吧台、表演区、交通区及部分辅助区域，用餐区又被划分为全开放区域、半开放区域等。认知该空间应以功能分析和交通分析为主，需要思考食堂用餐空间设计的特殊要求，以及不同开放程度和不同功能的空间是如何被安排或分隔的。

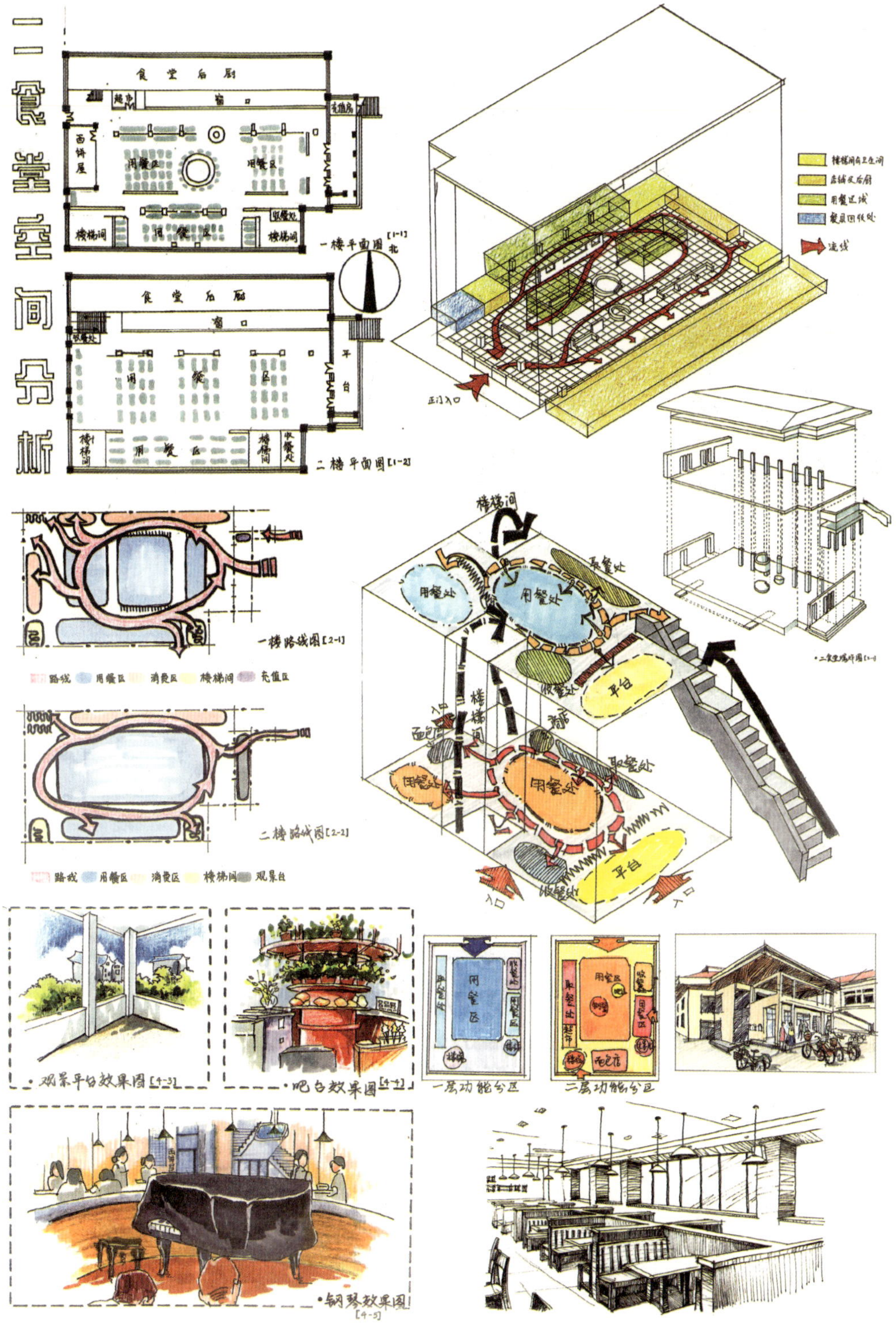

图4-1-27　校园食堂空间解析（作者：刘宜欣、邱旖、梁鹏程）

（2）图4-1-28为医学院建筑及其庭院空间解析。该建筑空间结构清晰，综合运用了空间的消减、增加、升高等方法，主要开放空间为建筑围合的内部庭院景观花园。该空间主要是对建筑体块组合关系的认知，以及对中庭景观空间组织的分析。

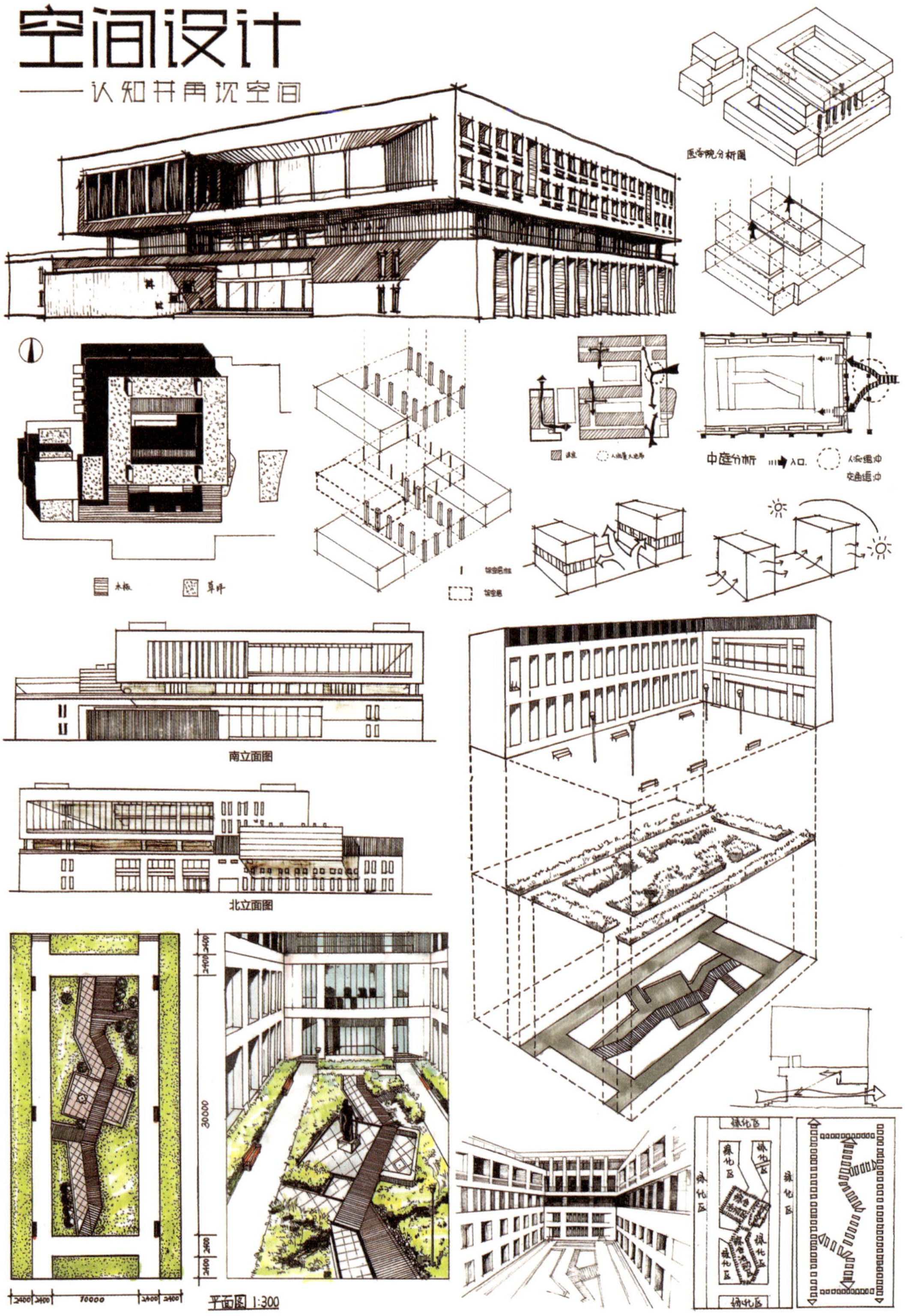

图4-1-28　医学院建筑及其庭院空间解析（作者：黄容容）

（3）图4-1-29为一栋建筑的入口局部空间。虽然这个空间不容易被人发现，却起到连接不同方向空间的重要作用，是交通性的中介空间，也可视作具有休憩功能的建筑“灰空间”。该空间在通风、采光上具有优势，并且具有通透、轻盈的体量感，还增加了内部的花园空间与外部建筑空间的层次感和空间感。对此类小空间的关注和深入解析，有助于学习者在创造空间时的深入思考和细节设计。

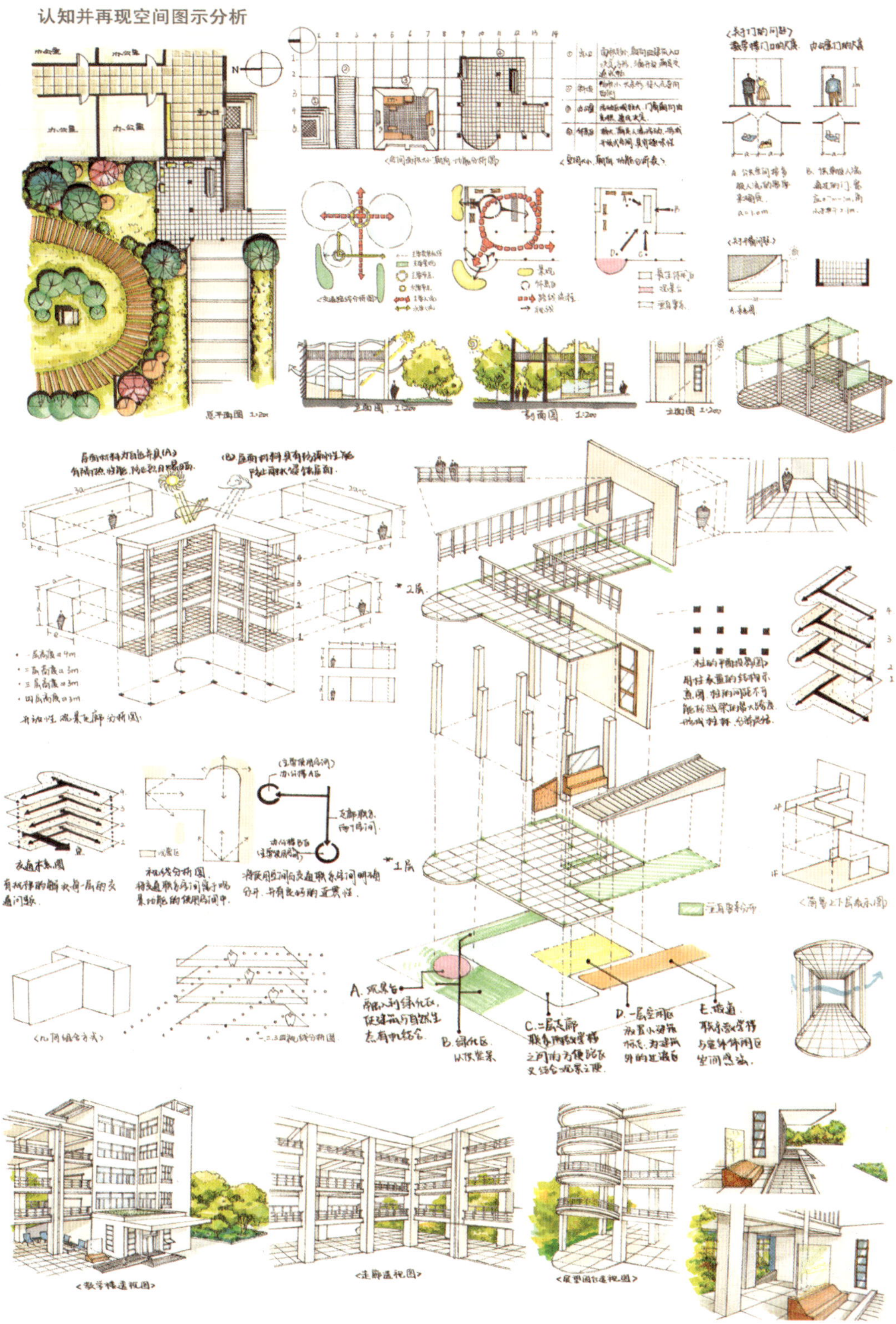

图4-1-29　某建筑入口局部空间（作者：曲晓彤）

第二节　创造空间训练1——空间组合训练

培养目标

该课题培养学生对多个空间关系组合的深刻认知，能够运用空间组合的基本规律，主动地进行简单的空间创造。

作业要求

充分运用抽象的点、线、面要素来创造空间。所创造的空间至少要包括集中式组合、线式组合、组团式组合、辐射式组合和网格式组合这五种组合方式中的两种或两种以上。

（1）主要运用实体模型的方式进行空间推敲、效果检验与作品呈现，模型底板大小控制在400mm×400mm以内。

（2）为清晰表达纯粹的空间组合关系，主要用两种色彩和材质进行空间制作，一般不超过三种材质及色彩。

（3）充分运用各种空间组合方式的特点，注重空间组合中的主次关系和空间特色；充分发挥线要素的作用，注重虚实关系和透视效果。

（4）空间组合方式过程中，除了平面维度的组合，还要注重垂直维度的空间创造。

在空间组合训练过程中，为了达到训练目的，要求必须至少使用两种具有明显特征的组合方式。实际上，在运用多种组合方式进行空间创造时，各种组合方式的界线并不都是十分明确的，也应注意到各种组合方式运用的多变性和综合性。

一、组合方式一：网格式+线式

网格的空间组合中，常见的为正方形网格或矩形网格，但也可以是三角形、六边形、长方形、“L”形等网格形式，只要具有网格的重复性、规则性和规律性，都可视作网格空间（图4-2-1、图4-2-2）。

在规整的网格式空间中，去掉一些网格单元时，容易在网格内部产生线式空间。这种线式空间可以是直线式、折线式，或是穿越或连接不同空间层次的线式组合

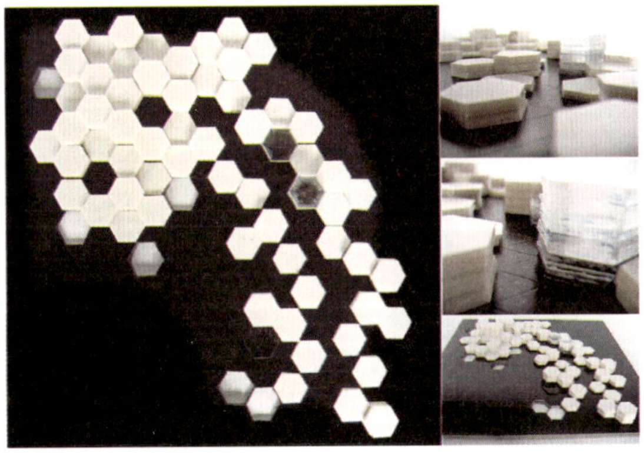

图4-2-1　网格式与线式组合的空间（作者：宋欣）

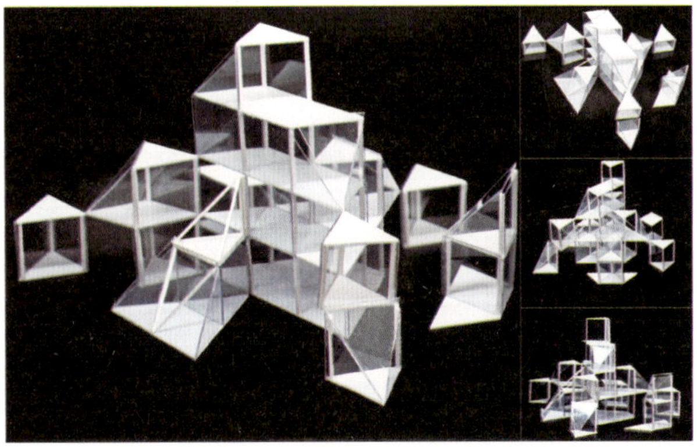

图4-2-2　网格式与线式组合的空间（作者：眭小芃）

（图4-2-3、图4-2-4）。当网格的边界向周围扩散时，能够同时呈现辐射的空间意向（图4-2-5、图4-2-6）。

二、组合方式二：网格式+组团式

当网格式组合中的网格单元形成若干组团时，可视作网格式与组团式结合限定的空间。在这种情况下应充分重视不同网格单元的主次与虚实关系处理（图4-2-7、图4-2-8）。网格中的组团单元也可以产生分离、扭转等各种变化（图4-2-9）。同样的，当某些网格放大、集中时，也可产生某种集中性（图4-2-10）。

三、组合方式三：网格式+集中式

当网格中的某些部分进行垂直或水平维度的变形或合并时，往往能产生集中式的效果，当集中的部分足够大时，网格的组团甚至可被削弱（图4-2-11、图4-2-12）。

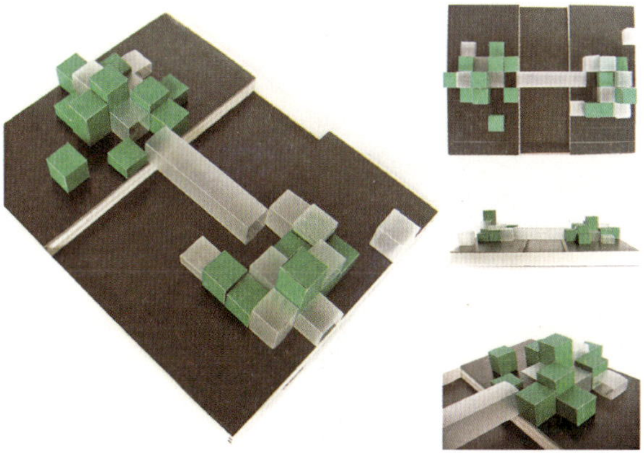

图4-2-3　网格式与线式组合的空间（作者：王伦）

图4-2-4　网格式与线式组合的空间（作者：李伟）

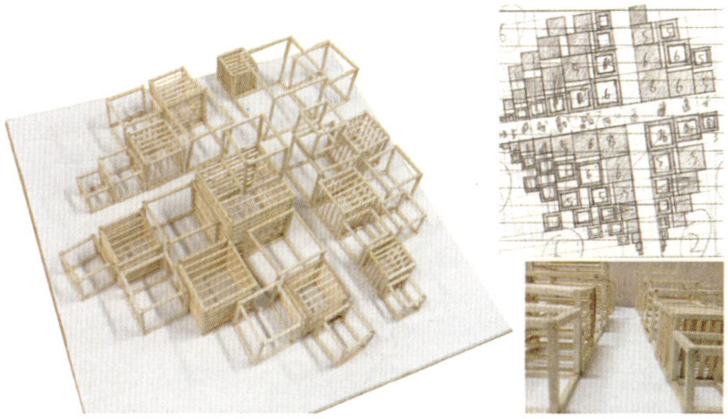

图4-2-5　网格式与线式组合的空间（作者：唐子超）

图4-2-6　网格式与线式组合的空间（作者：叶瑞君）

图4-2-7　网格式与组团式组合的空间（作者：张楚）

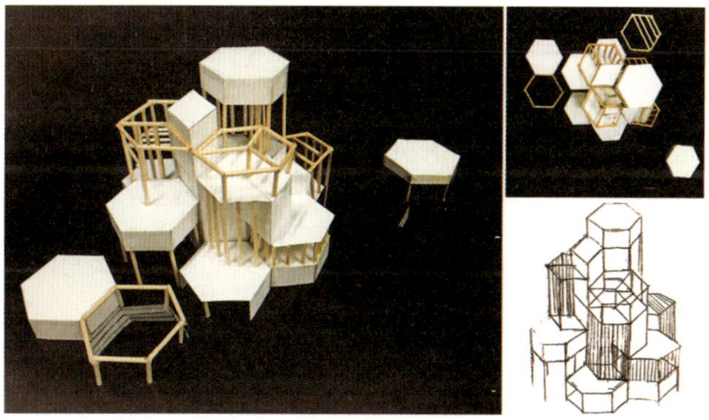

图4-2-8　网格式与组团式组合的空间（作者：朱迪）

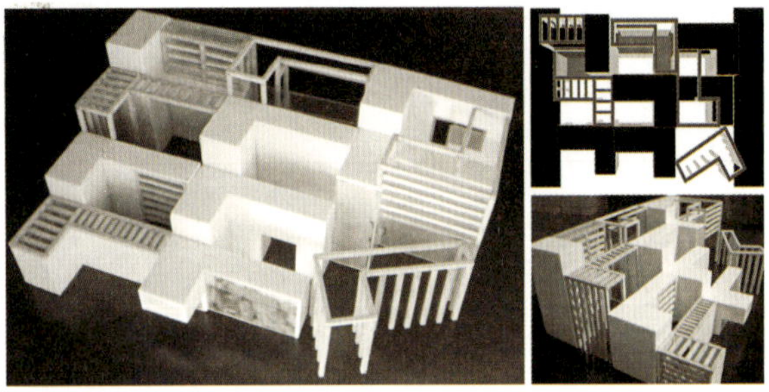

图4-2-9　网格式与组团式组合的空间（作者：夏乐伟）

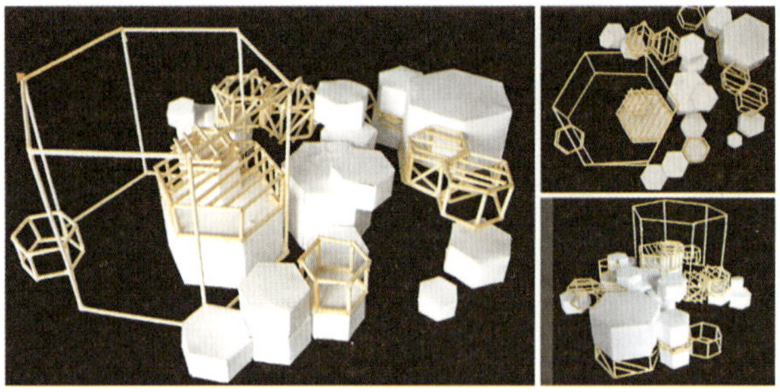

图4-2-10　网格式与组团式组合的空间（作者：邱旖）

图4-2-11　网格式与集中式组合的空间（作者：刘俊漫）

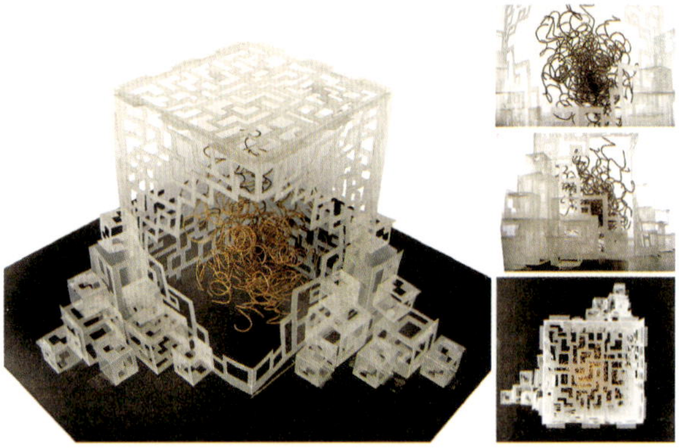

图4-2-12　网格式与集中式组合的空间（作者：赵雪晴）

图4-2-13　辐射式与网格式组合的空间（作者：蔡泽曦）

图4-2-14　辐射式与网格式组合的空间（作者：徐金燕）

四、组合方式四：辐射式+网格式

辐射式与网格式的空间组合，往往具有某种潜在的规则性，这是由网格的特性所决定的。当辐射的空间较长、中心网格的空间较大时，也同时能形成一种集中式组合的效果（图4-2-13、图4-2-14）。

五、组合方式五：辐射式+线式

辐射式与线式的空间组合中，线式可以蕴藏在辐射的空间形式中，随着不同辐射形式的走向，产生不同的线式空间（图4-2-15~图4-2-17）。线式也可以作为主导空间，辐射式作为辅助空间（图4-2-18）。

六、组合方式六：辐射式+组团式

辐射空间的若干部分，通过丰富的组合变化虚实交替，可能形成组团式的布局，也可能在其中形成某些隐藏的线型空间（如图4-2-19）。

七、组合方式七：组团式+线式

组团式和线式的组合中，往往以某一种组合方式为主导。以组团式为主的空间组合，线式可蕴含在组团式平面或垂直维度中，形成隐约的“线”（图4-2-20～图4-2-22），这正如小型的公共建筑组团、商业街的组合方式，以道路或视线轴线贯穿组团空间。线式空间在组团中往往会形成某种辐射或延伸的趋势（图4-2-23～图4-2-26）。如果组团部分是不规则形体，则线式也相应地产生不规则变化（图4-2-27）。

图4-2-15　辐射式与线式组合的空间（作者：林巧欣）

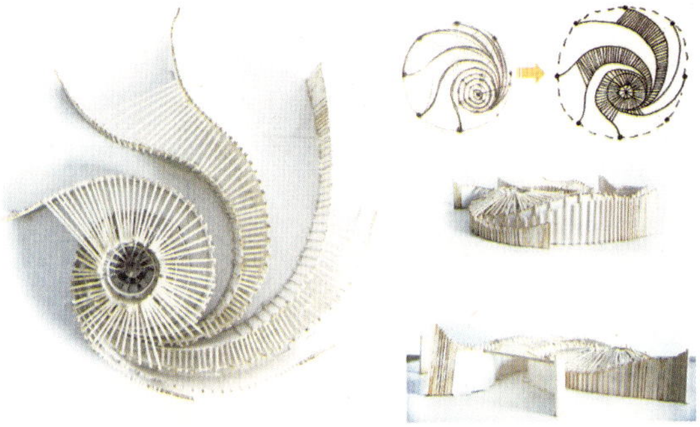

图4-2-16　辐射式与线式组合的空间（作者：李航）

图4-2-17　辐射式与线式组合的空间（作者：唐愔）

图4-2-18　辐射式与线式组合的空间（作者：鲁润雨）

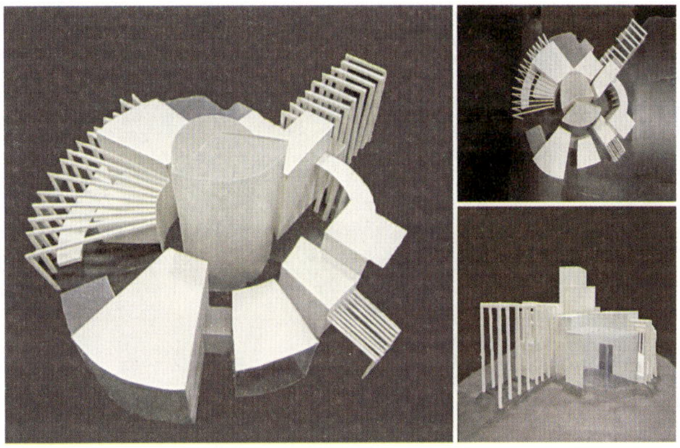

图4-2-19　辐射式与组团式组合的空间（作者：李易）

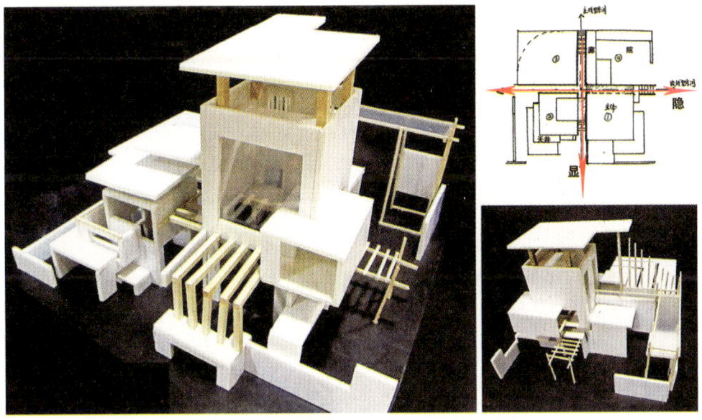

图4-2-20　组团式与线式组合的空间（作者：蔡刚）

图4-2-21　组团式与线式组合的空间（作者：王炀煦）

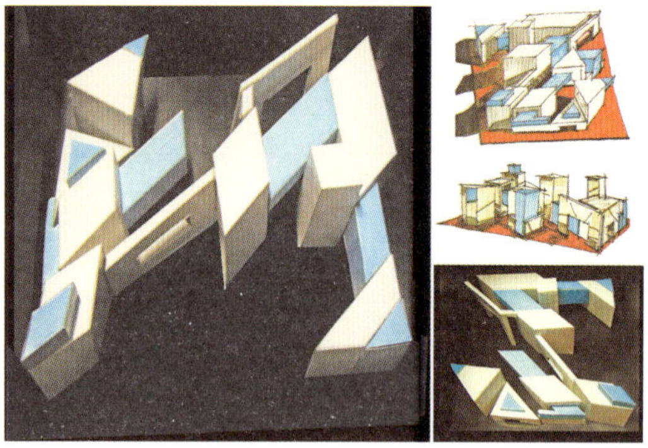

图4-2-22　组团式与线式组合的空间（作者：郑贤文）

图4-2-23　组团式与线式组合的空间（作者：李春瑶）

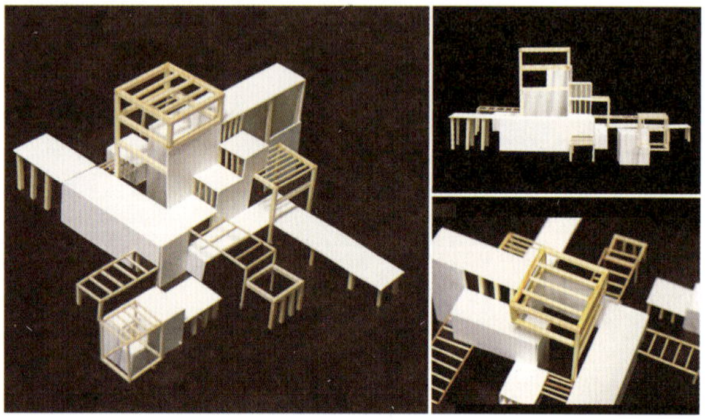

图4-2-24　组团式与线式组合的空间（作者：杨燕镅）

图4-2-25　组团式与线式组合的空间（作者：刘人赫）

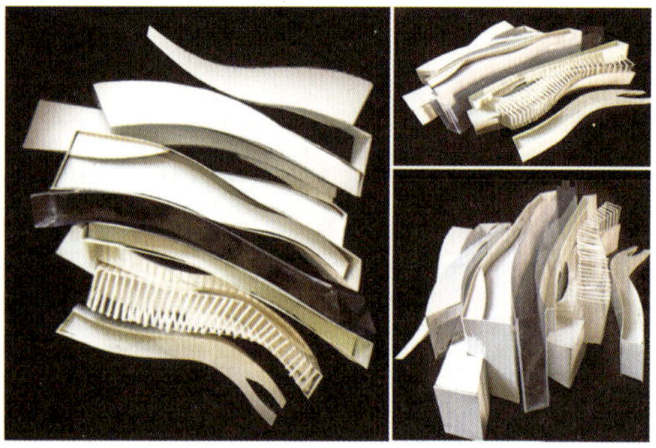

图4-2-26　组团式与线式组合的空间（作者：李婧怡）

图4-2-27　组团式与线式组合的空间（作者：王馨曼）

第三节　创造空间训练2——有顶的空间创造

培养目标

该课题主要培养学生对空间形式感的认知和主动进行空间创造的能力，使学生能够在关注空间本身构成的基础上，主动关注空间形式与结构、材质、尺度等要素之间的关系，能够综合运用空间要素进行空间设计。

作业要求

充分运用形式要素创造一个有顶的空间，以实体模型制作的方式呈现。

（1）可不考虑空间的明确功能，主要探讨空间的形式。最终形成的作品可以是室内空间，也可以是室外空间。空间可以具有被用作休闲、阅读、展示等不同功能的可能性。

（2）尺度不需很大，可考虑屋顶投影面积总和约在100平方米，并适当考虑人在该空间下的尺度感和空间透视关系。

（3）充分运用面要素、线要素等形式手段塑造空间，注重空间尺度的把握、界面设计、光线设计和简单的材质处理，模型色彩建议不超过三种。尽可能运用前面理论部分讲到的空间形式构成要素的相关知识来创造丰富的空间形态。

（4）推荐使用纸板、KT板、木条等常见材料，将设计构思以实体模型的方式表现出来。

一、明确界面限定形成相对独立的空间

当屋顶界面明确时，其所限定空间的“空间感”也相应较为明确，若有垂直立面加以限定，则空间的完形效果更好。顶界面的屋顶造型、垂直界面的立面形态都是设计的重点。界面设计还能用来划分内部空间，为空间带来独特的层次感和体验感。此外，还应注意顶界面与其他界面在形式上的呼应关系，以形成空间的整体性和秩序性（图4-3-1、图4-3-2）。

具有规则形式的空间，需要在规则空间中寻找适度的变化，以创造丰富的空间形态。通常可通过界面形态的扭转、穿插、变形、镂空等变化方式得以实现（图4-3-3~图4-3-5）。

图4-3-1　明确顶面限定的独立空间（作者：赵思琦）

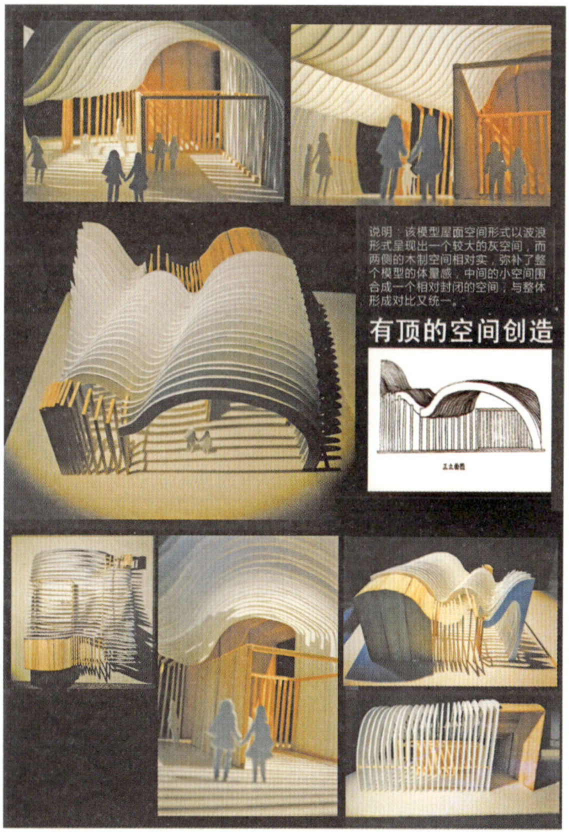

图4-3-2　明确顶面限定的独立空间（作者：王琪）

图4-3-3　规则式独立空间的形式变化（作者：邢赵连）

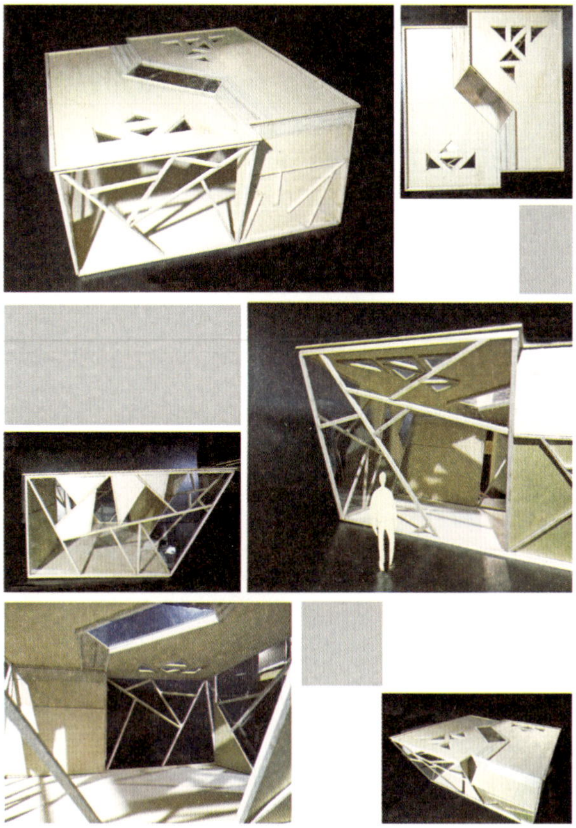

图4-3-4　规则式独立空间的形式变化（作者：王凤麟）

图4-3-5　规则式独立空间的形式变化（作者：刘人赫）

具有不规则形式的空间，需要把握空间元素的丰富程度，比如运用六边形、三角形、多边形等元素进行设计时，需要注重元素之间的呼应关系、体量之间的主次关系，使空间构成具有更好的秩序感（图4-3-6~图4-3-8）。

二、独特顶面形式所限定的空间

独特的顶面能够形成具有个性和视觉冲击力的空间效果。顶面通过形式的变化、高差的设计、材料和色彩的变化、光影的控制等手段，能够呈现丰富的空间形态（图4-3-9~图4-3-13）。

当充分运用界面变化产生出光影效果时，光影作为一种时间要素与空间相融合（图4-3-14~图4-3-16）。

有时，空间结构本身就表达了空间的界面形态，为空间形态带来根本性的变化，营造出不同的空间效果和意境（图4-3-17、图4-3-18）。

图4-3-6　不规则式独立空间的形式变化（作者：杨心仪）

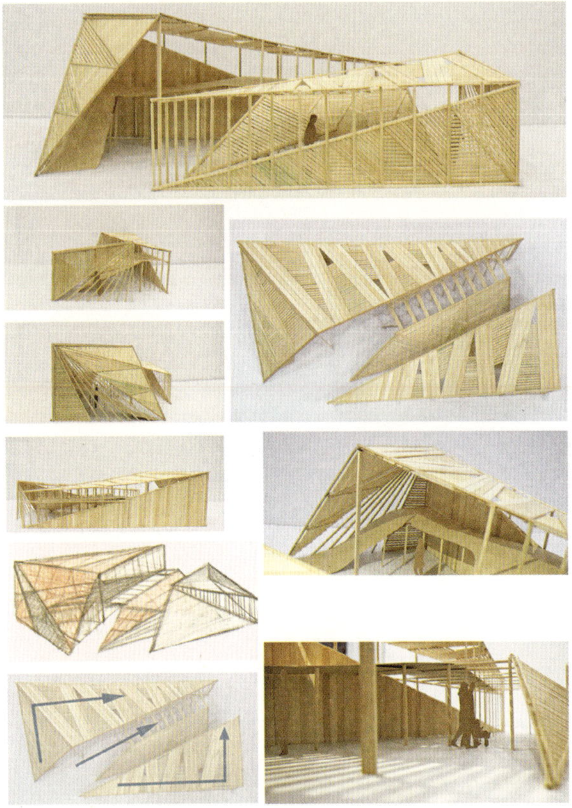

图4-3-7　不规则式独立空间的形式变化（作者：雷雪）

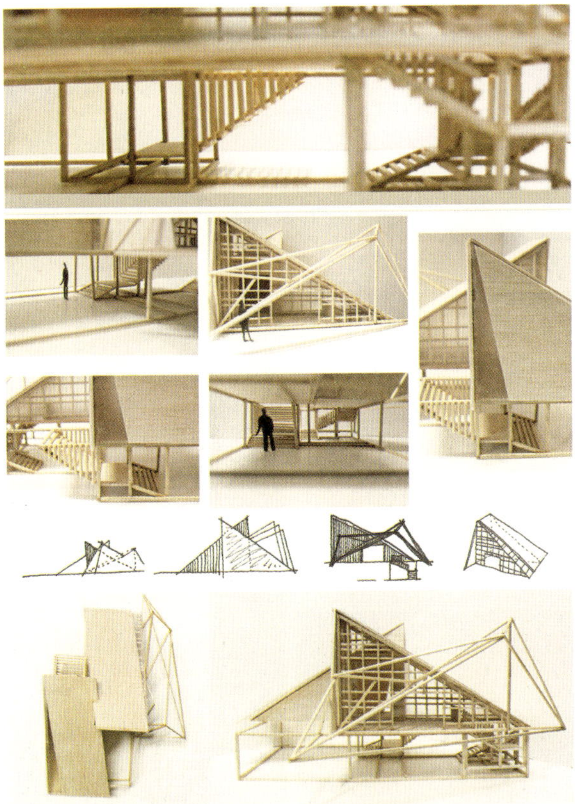

图4-3-8　不规则式独立空间的形式变化（作者：欧咏诗）

图4-3-9　三角形顶面形成的空间（作者：王馨曼）

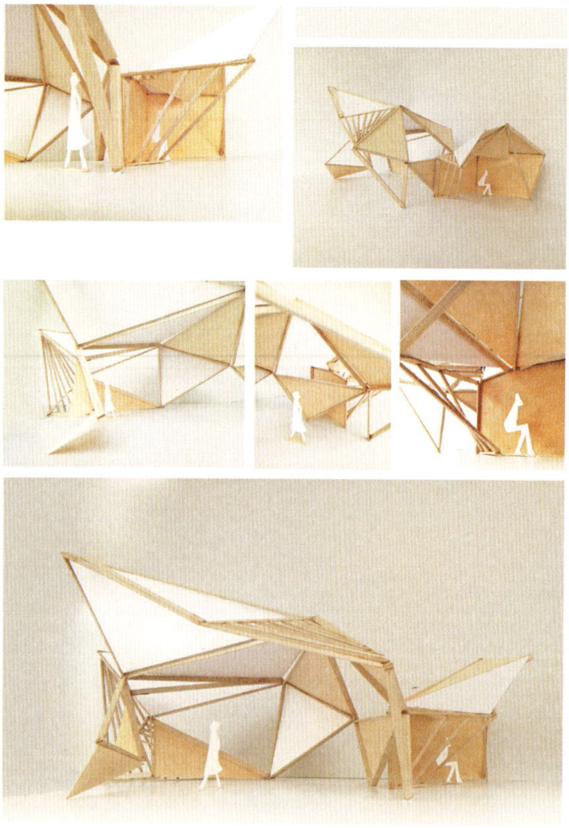

图4-3-10　三角形顶面形成的空间（作者：李春瑶）

图4-3-11　交错的垂直空间（作者：卢祺）

图4-3-12　立体顶面形成的空间（作者：祁渝佳）

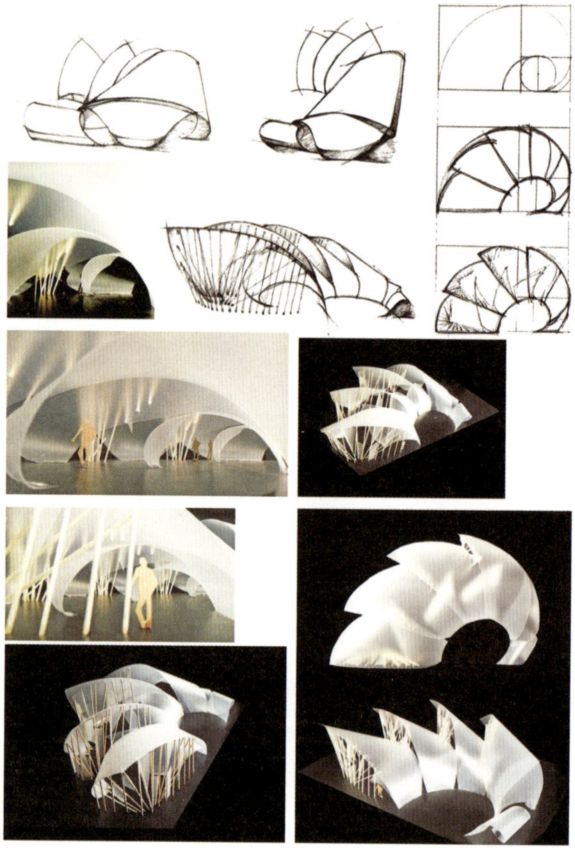

图4-3-13　顶面、垂直面合并形成的空间（作者：叶瑞君）

图4-3-14 强调光影效果的空间（作者：覃海园）

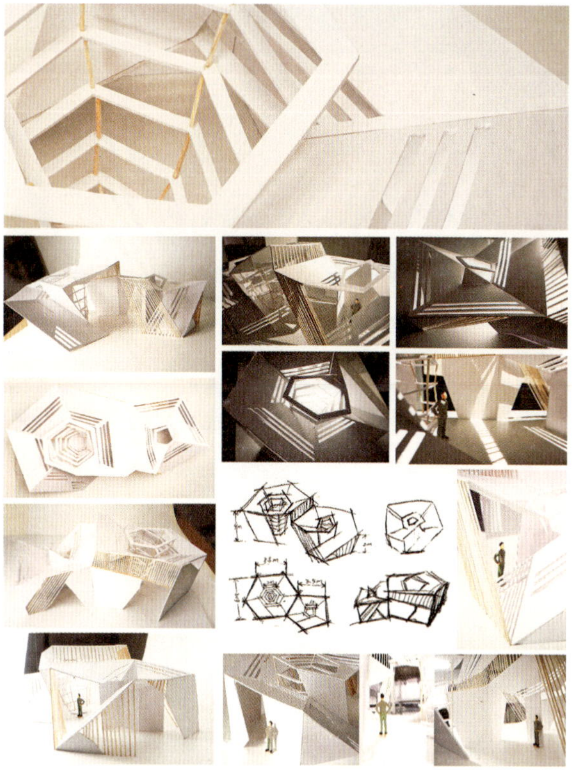

图4-3-15 能创造出光影效果的空间（作者：杨劲雪）

图4-3-16 线要素所创造的光影空间（作者：彭晨曦）

图4-3-17 凸显空间结构的空间（作者：刘俊漫）

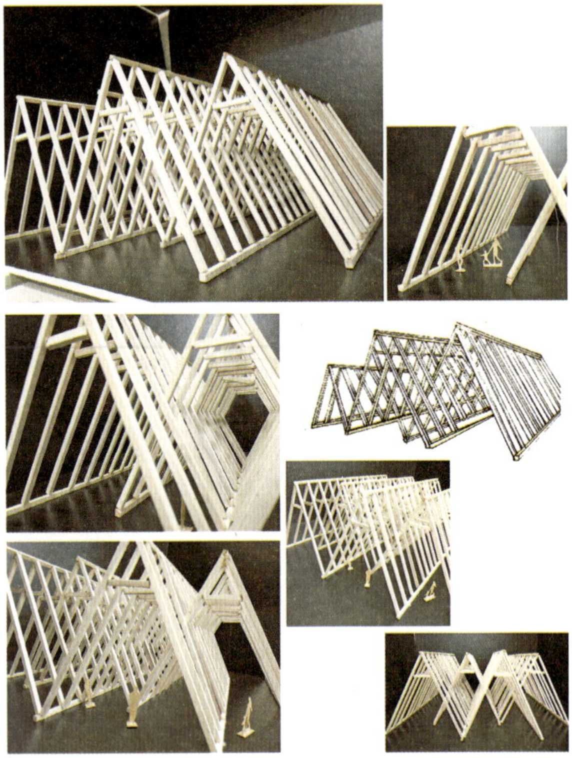

图4-3-18　结构塑造的空间（作者：张秩杰）

三、连续的界面形成空间秩序

通过顶部和垂直墙面的共同作用，使空间产生某种秩序感。在有限的空间内，试图创造出一种步移景异的空间序列，或连续的、有节奏的空间序列。往往需要与线式组合方式相结合（图4-3-19~图4-3-24）。

图4-3-19　连续界面形成的空间（作者：任天娇）

图4-3-20　连续界面形成的空间（作者：唐子超）

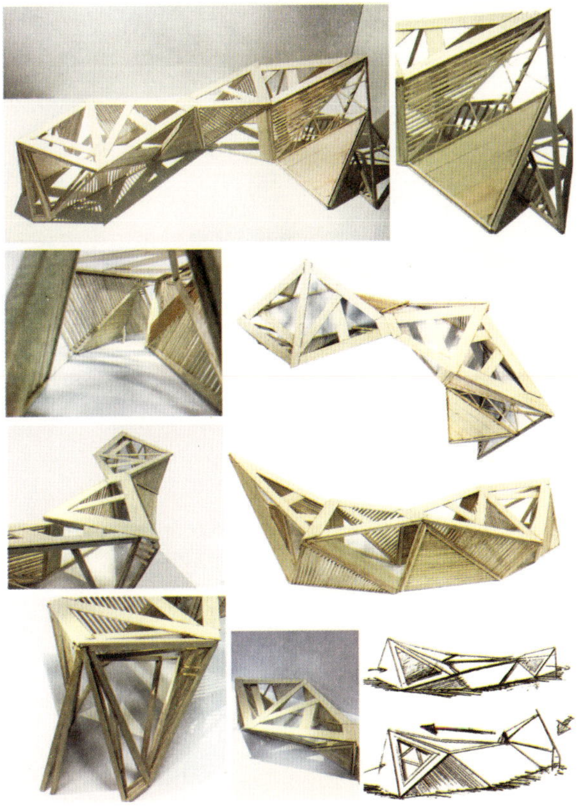

图4-3-21　连续界面形成的线型空间（作者：程登伟）

图4-3-22　连续渐变界面形成的有顶空间（作者：陈虹旭）

图4-3-23　连续界面形成的线型空间（作者：孔晓琳）

图4-3-24　连续垂直界面形成的空间（作者：冉黎）

四、层次丰富的垂直空间

空间在不同高程之间产生联系的时候，能够创造出丰富的空间效果。可充分运用不同垂直界面的限定方式，达到空间形体的分离或交错、不同高程的连接或阻断的目的，能够产生多变、有趣、垂直层次丰富的空间效果（图4-3-25～图4-3-28）。

即使是拥有明确形态的屋顶或垂直界面，其所限定的空间范围依然可以是模糊和不确定的。如当围合空间的界面可以产生开合变化或位置变化时，空间则具有了某种不同程度和不同时空的变化性（图4-3-29）。当屋顶空间是不明确的、可变化的，或者具有某种抽象性和组合性时，则有产生更多空间的可能（图4-3-30）。通过屋面的组织、交错和变化，空间还能形成某种流动性、发散性和不确定性，空间的公共属性也比较容易凸显（图4-3-31）。

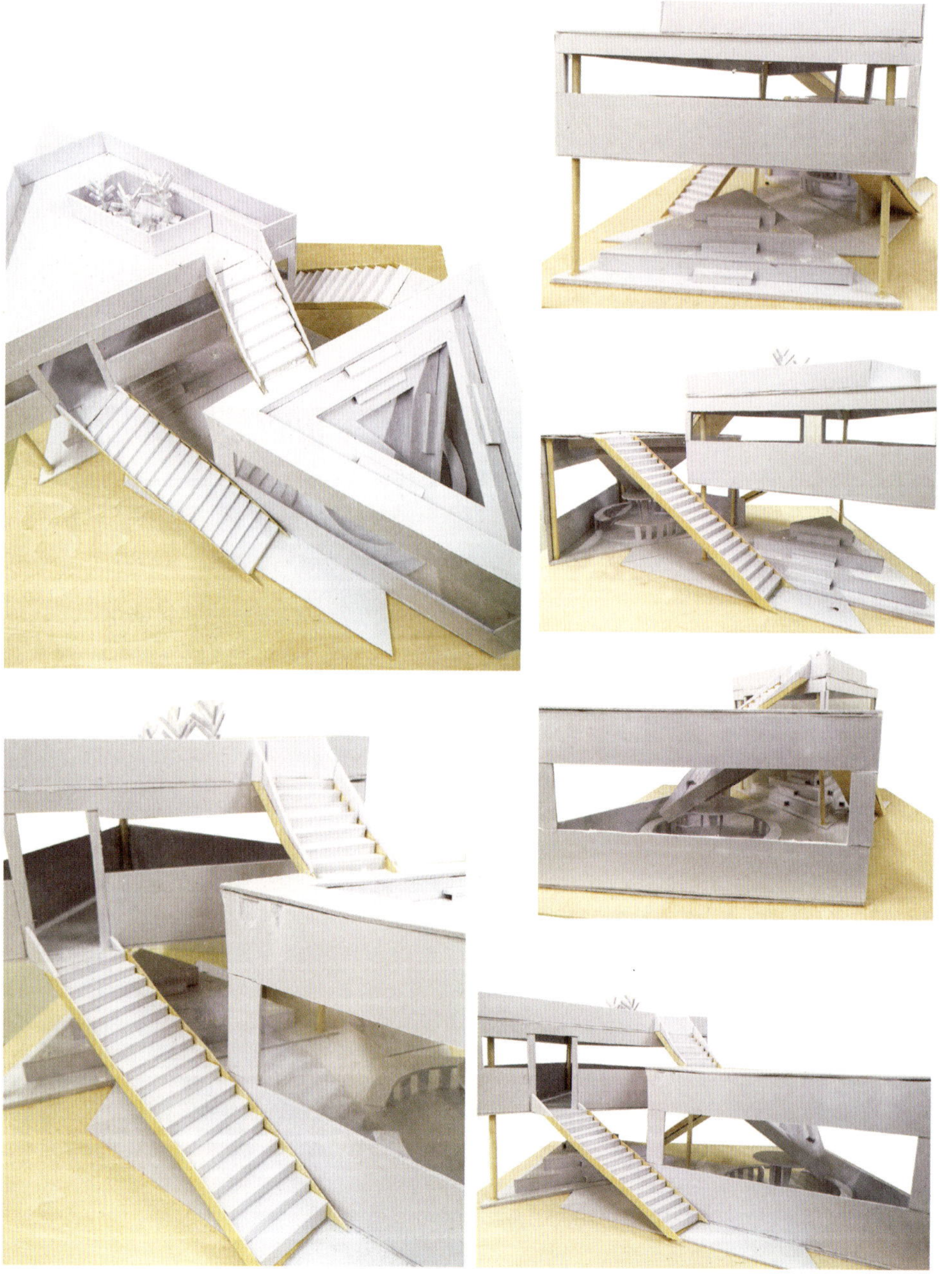

图4-3-25　垂直维度连接的空间（作者：李澳）

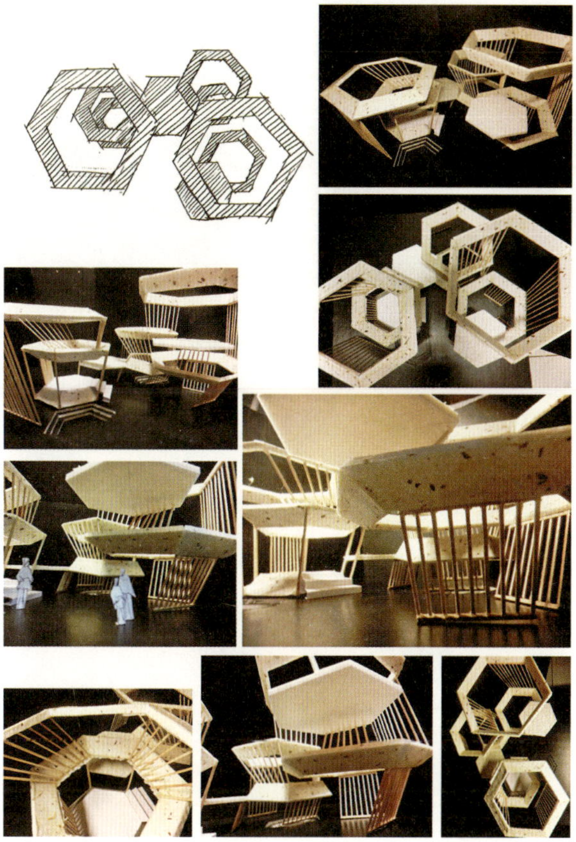

图4-3-26　垂直维度连接的空间（作者：蔡迦南）

图4-3-27　注重垂直维度塑造的空间（作者：曹硕）

图4-3-28　用表皮在垂直维度连接的空间（作者：王姝凝）

图4-3-29　屋顶可旋转变化的空间（作者：曲晓彤）

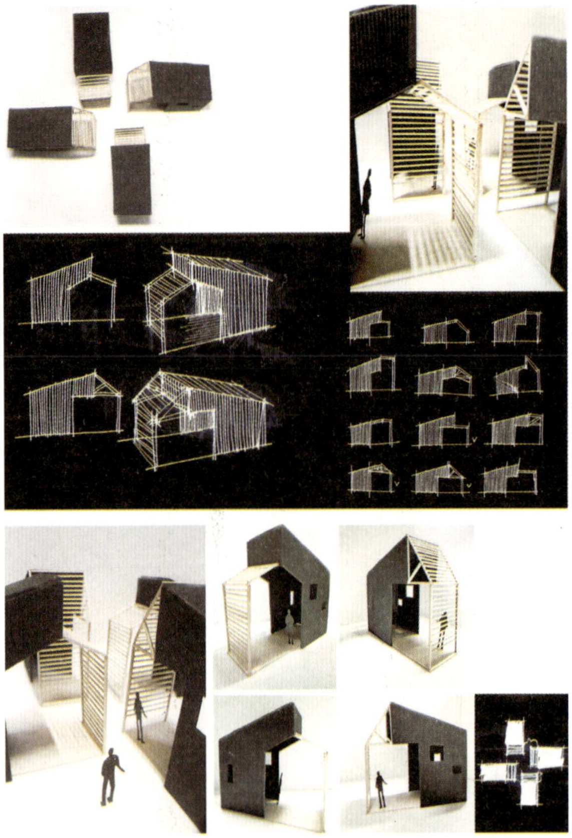

图4-3-30　可组合的空间形成的不同的有顶空间（作者：黄容容）

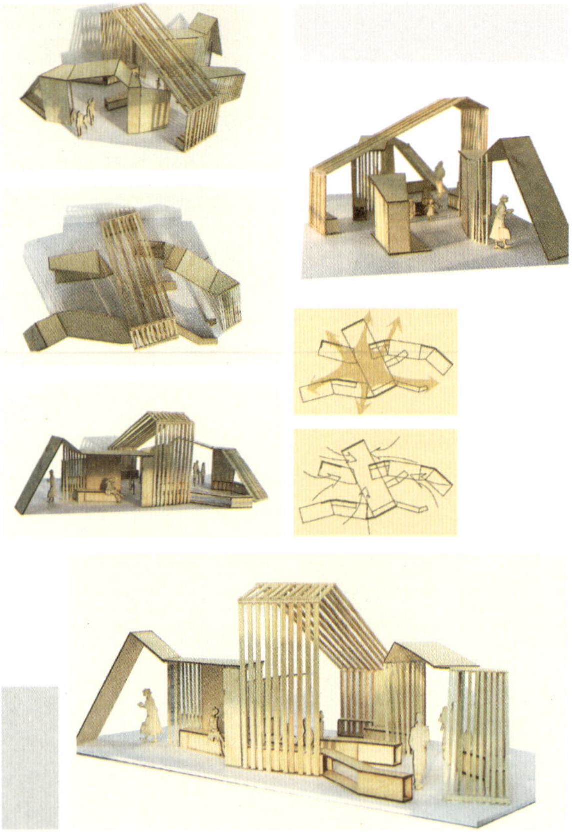

图4-3-31　交错屋面形成的模糊空间（作者：罗颖）

参考文献

[1] （美）弗郎西斯·D. K. 钦. 建筑：形式·空间和秩序［M］. 邹德侬，方千里，译. 北京：中国建筑工业出版社，1985.

[2] （日）芦原义信. 外部空间设计［M］. 尹培桐，译. 北京：中国建筑工业出版社，1985.

[3] （挪威）诺伯格·舒尔茨. 存在·空间·建筑［M］. 尹培桐，译. 北京：中国建筑工业出版社，1990.

[4] （意）布鲁诺·赛维. 建筑空间论［M］. 张似赞，译. 北京：中国建筑工业出版社，1985.

[5] 彭一刚. 建筑空间组合论［M］. 北京：中国建筑工业出版社，1998.

[6] 彭一刚. 中国古典园林分析［M］. 北京：中国建筑工业出版社，1986.

[7] 詹和平. 空间［M］. 南京：东南大学出版社，2006.

[8] （荷）赫曼·赫兹伯格. 建筑学教程：设计原理［M］. 仲德崑，译. 天津：天津大学出版社，2004.

[9] （荷）赫曼·赫兹伯格. 建筑学教程2：空间与建筑师［M］. 刘大馨，古红缨，译. 天津：天津大学出版社，2004.

[10] 杨茂川. 空间设计［M］. 南昌：江西美术出版社，2006.

[11] 梁雪，肖连望. 城市空间设计［M］. 天津：天津大学出版社，2006.

[12] 刘永德. 建筑空间的形态·结构·涵义·组合［M］. 天津：天津科学技术出版社，1998.

[13] 高祥生，韩巍，过伟敏. 室内设计师手册（上册）［M］. 北京：中国建筑工业出版社，2001.

[14] 顾馥保. 建筑形态构成［M］. 武汉：华中科技大学出版社，2008.

[15] 刘育东. 建筑的涵意［M］. 天津：天津大学出版社，1999.

[16] 南舜薰，辛华泉. 建筑构成［M］. 北京：中国建筑工业出版社，1990.

[17] 徐岩，蒋红蕾，杨克伟，等. 建筑群体设计［M］. 上海：同济大学出版社，2000.

[18] 过伟敏，魏娜. 室内设计［M］. 南昌：江西美术出版社，2009.

[19] 过伟敏，王筱倩. 环境设计［M］. 北京：高等教育出版社，2009.

[20] 沈祉杏. 穿墙故事——再造柏林城市［M］. 北京：清华大学出版社，2005.

[21] （美）保罗·拉索. 图解思考［M］. 邱贤丰，刘宇光，郭建青，译. 北京：中国建筑工业出版社，2002.

附录
（图片来源）

本书中的插图除文中已标明作者的以及以下作者参与绘制的外，其余均为作者自绘、翻画或改画。特别对以下插图绘制者表示感谢！

作者：刘怡和

图1-1-8、图1-1-29、图1-1-39、图1-1-40、图1-2-20、图1-3-4、图1-3-9、图1-3-22、图2-1-4、图2-1-9、图2-1-11、图2-1-12、图2-3-26、图3-5-18、图3-5-25、图3-5-27

作者：许舒

图2-1-22、图2-2-8、图2-3-25、图2-3-65、图2-3-69、图2-4-5、图2-4-6、图2-4-18、图2-4-19、图2-4-20、图2-5-19、图3-5-22、图3-7-5

作者：毛宇

图1-1-28、图1-2-2、图1-2-6、图1-3-8、图1-3-20、图2-1-10、图2-1-23、图3-5-1、图3-7-3

作者：罗穆辉

图3-1-7、图3-3-4、图3-3-9、图3-4-15、图3-4-17、图3-4-18、图3-4-18、图3-4-19

作者：汪婧

图3-1-13、图3-2-10、图3-3-5、图3-4-3、图3-4-14、图3-4-16、图3-5-6、图3-5-28

作者：陶汪洋

图3-1-12、图3-3-3、图3-3-6、图3-3-1、图3-4-5、图3-4-9、图3-4-10

作者：顾彤

图1-1-26、图3-5-17、图3-5-26

作者：孙英杰

图1-3-6、图3-1-10

作者：戴杏文

图1-3-24、图3-6-4